VERSTÄNDLICHE WISSENSCHAFT

NEUNUNDZWANZIGSTER BAND

BAUM UND WALD

VON

LUDWIG JOST

SPRINGER-VERLAG

BERLIN · GÖTTINGEN · HEIDELBERG

1952

BAUM UND WALD

VON

LUDWIG JOST
WEIL. O. PROFESSOR
AN DER UNIVERSITÄT HEIDELBERG

ZWEITE DURCHGESEHENE AUFLAGE
BESORGT VON
FRITZ OVERBECK
O. PROFESSOR AN DER UNIVERSITÄT KIEL

MIT 71 ABBILDUNGEN

SPRINGER-VERLAG

BERLIN · GÖTTINGEN · HEIDELBERG

1952

HERAUSGEBER DER NATURWISSENSCHAFTLICHEN REIHE:

PROF. DR. KARL V. FRISCH, MÜNCHEN

ISBN-13: 978-3-642-85724-9   e-ISBN-13: 978-3-642-85723-2

DOI: 10.1007/978-3-642-85723-2

BRÜHLSCHE UNIVERSITÄTSDRUCKEREI GIESSEN

Vorbemerkung zur zweiten Auflage

Ludwig Jost ist im Jahre 1947 verstorben; drei Jahre vor seinem Tode hat er die Neuherausgabe des vorliegenden Büchleins vorbereitet. Die weitaus meisten Änderungen, die diese zweite Auflage von der ersten unterscheiden, gehen daher auf hinterlassene Aufzeichnungen des Verfassers selber zurück, die ich nur habe einzufügen brauchen. Die weiteren Ergänzungen und Streichungen, die infolge der inzwischen vergangenen Jahre angebracht erschienen und die Verbesserung einiger Abbildungen hoffe ich im Sinne meines Lehrers *Jost* durchgeführt zu haben.

Kiel, im November 1952. *F. Overbeck*

VI

Die Abbildungen sind, soweit sie nicht Originale sind, folgenden Werken entnommen:

Klein, L.: Ästhetik der Baumgestalt. Karlsruhe 1914. Abb. 4, 23, 24, 25.

Kny, L.: Botanische Wandtafeln. Abb. 37.

Kobel, F.: Lehrbuch des Obstbaues 1931. Abb. 55.

Magnus, W. in Kny: Botanische Wandtafeln, Text. Abt. XIII, 1911. Abb. 52.

Müller, N.I.C.: Botanische Untersuchungen. Heidelberg 1877. Abb. 16.

Noll, F.: In Lehrbuch der Botanik für Hochschulen. Abb. 48, 51.

Rothert, W.: „Gewebe" in Handwörterbuch der Naturwissenschaften. Abb. 39.

Rubner, K.: Die pflanzengeographisch-ökologischen Grundlagen des Waldbaus. 3. Aufl. Neudamm 1934. Abb. 71.

Schmidt, E.: Mikroskopischer Atlas der mitteleuropäischen Hölzer. Neudamm 1941. Abb. 41.

Schröter, C.: In *Kirchner, Löw* und *Schröter*. Lebensgeschichte der Blütenpflanzen Mitteleuropas. 1. Abb. 10.

Schwarz, F.: Forstbotanik. Abb. 53.

Voechting, H.: Organbildung im Pflanzenreich. Bonn. Bd. 2. Abb. 18, 57, 58, 59.

Voechting, H.: In Jahrbuch für wiss. Botanik. Bd. 40. 1904. Abb. 11.

I. Lebensformen

Die Länder, in denen das ganze Jahr hindurch gleichmäßige Wärme und Feuchtigkeit ein üppiges Wachsen, Blühen und Fruchten der Pflanzen ermöglichen, sind nicht allzu häufig. Bald setzt, wie bei uns, eine *kalte* Jahreszeit, bald, wie in manchen tropischen Gebieten, eine *trockene* dem Pflanzenleben ein Ziel. Nur wenige Pflanzen, so einige Ackerunkräuter (die Vogelmiere, das Kreuzkraut, einige Ehrenpreisarten), haben bei uns auch im Winter Blätter und Blüten und arbeiten mit diesen wie andere im Sommer. Die große Mehrzahl geht in einen Zustand über, in dem der Winter ihnen keinen Schaden tun kann, wobei aber die Lebenstätigkeit stark eingeschränkt wird. Sie retten sich über die ungünstige Jahreszeit hinweg, um im folgenden Frühjahr ihre Entwicklung neu aufzunehmen. Man sagt, sie haben sich an den Winter „angepaßt". Und überall, wo wir „Anpassungen" finden, sehen wir auch *Mannigfaltigkeit*. Die Natur scheint die *Gleichförmigkeit nicht zu lieben*, sie ist erstaunlich reich an Erfindungen, das gleiche Ziel auf ganz verschiedenem Wege zu erreichen, und gerade in diesem Reichtum liegt der immer neue Reiz, den die ernste Beschäftigung mit ihr gewährt. Es würde zu weit führen, wollten wir hier die Anpassungen der Pflanzenwelt an den Winter ausführlich schildern; wir wollen nur an drei charakteristischen Beispielen die wichtigsten *Formen der Überwinterung* kennenlernen.

1. Wir säen im Frühjahr einen Sonnenblumenkern aus. Nach wenigen Tagen hat er eine Wurzel in den Boden gesandt, die sich reich verzweigt und Wasser und Nährsalze aufnimmt; über die Erde aber ist ein Sproß getreten, der sich im Laufe des Sommers zu einem mehr als mannshohen Stengel verlängert, dem große grüne Blätter ansitzen; schließlich entsteht an seinem oberen Ende der leuchtend gelbe Blütenstand, in dem Hunderte von ihrer Fruchtschale umschlossene Samen heranreifen. Während sie sich ausbilden und endlich austrocknen, stirbt die Mutterpflanze völlig ab, so daß von ihr eben nur diese Samen übrigbleiben. Diese lassen,

solange sie ausgetrocknet sind, keinerlei Lebensäußerungen erkennen, bewahren aber ein schlummerndes Leben. In diesem Zustand der Trockenheit und des Schlummers sind sie ebenso unempfindlich gegen Hitze wie gegen Kälte. Sie werden also auch durch den strengsten Winter nicht geschädigt, dem die Sonnenblumenpflanze selbst sofort erliegen würde. Und sie können viele Jahre lang unverändert so liegen, um jederzeit, sowie sie Wasser und eine geeignete Temperatur erhalten, auszukeimen, eine neue Pflanze zu bilden. Alle Pflanzen, die sich so verhalten wie die Sonnenblume, nennt man *einjährige Pflanzen*, weil sich im Laufe eines Kalenderjahres ihre Entwicklung von Same zu Same vollzieht. Die Anpassung der einjährigen Pflanzen an den Winter liegt also in der Ausbildung ruhender Samen, denen der Frost nichts anhaben kann.

2. Eine andere „*Lebensform*" finden wir bei den *Stauden*, von denen wir die Tulpe als Beispiel wählen. Auch sie kann mit Hilfe von Samen überwintern, aber sie kennt noch eine andere Möglichkeit. Wenn im Frühsommer die Samen reifen, dorrt der ganze oberirdische Teil der Pflanze ab, im Boden aber bildet sich ein Organ von gleichem Bau wie unsere Küchenzwiebel, das deshalb auch „Zwiebel" genannt wird, Blätter, die einem kurzen gestauchten Stengel ansitzen und fest aneinandergeschlossen eine verdickte Masse darstellen. Diese Zwiebel bleibt, wenn der Laubsproß verdorrt, am Leben, verharrt jedoch den ganzen Sommer über wenigstens äußerlich in Ruhe. Im Herbst erst erwacht sie zu neuem Leben: am unteren Ende entwickelt sie einen Kranz von Wurzeln; aus ihrem Inneren läßt sie im Frühjahr einen blattbesetzten Stengel sich erheben, der bald sein Wachstum mit einer Blüte abschließt. Während diese Frucht und Samen reifen läßt, entsteht zwischen den fleischigen Zwiebelschuppen eine neue Knospe, d. h. die Anlage einer neuen Tulpenpflanze. Zu der Zeit, wo sie noch von den Schuppen der alten Zwiebel umgeben ist, bemerkt man an ihr die Achse mit der Anlage der Endblüte, mit einigen Blättern und an der Basis Schuppenblättern, die zu einer neuen, in der alten Zwiebel steckenden Zwiebel werden. Die fleischigen Schuppen der Zwiebel erfüllen eine besondere Funktion: in ihnen sind die sogenannten „*Reservestoffe*" aufgespeichert, die wie Stärke und Eiweiß zum Aufbau der jungen Pflanze nötig

sind, solange diese noch nicht am Licht selbst solche Stoffe bilden können. Auf Kosten der Reservestoffe aber kann man die Tulpe auch in völliger Dunkelheit bis zur Blütenbildung bringen. — Es muß nachträglich noch gesagt werden, daß auch den „Einjährigen" die Reservestoffe nicht fehlen; bei ihnen werden sie in den Samen gespeichert.

Bei unserer Tulpe stirbt also nicht die ganze Pflanze im Winter ab, sondern ein Teil von ihr, eben die „Zwiebel", bleibt am Leben und setzt dieses im *Schutze des Bodens* unbegrenzt fort. Es gibt zahllose Stauden; viele haben Zwiebeln, andere bilden „Knollen" aus. *Unterirdische*, ausdauernde Organe, die Reservestoffe speichern und an denen Knospen die Fortführung des Lebens ermöglichen, sind also die Kennzeichen der Stauden.

3. Eine dritte Lebensform stellen die *Bäume* dar. Auch bei ihnen gibt es Samen, gibt es aber auch ausdauernde Knospen, in denen die fertigen Anlagen von Sprossen den Winter überdauern. Allein hier sind diese Knospen nicht in den Boden eingebettet und dadurch vor vielen Gefahren geborgen, sondern sie stehen frei der Luft ausgesetzt an den oberirdischen Zweigen. Auch stirbt hier dementsprechend der oberirdische Sproß im Herbst *nicht* ab, sondern er erhebt sich von Jahr zu Jahr reicher verzweigt und durch Verdickung und Verholzung immer fester werdend als ein oft Jahrzehnte, ja sogar Jahrhunderte dauernder Besitz dieser Lebensform. Doch der Blätter entledigt sich wenigstens der „sommergrüne" Baum im Winter, denn sie würden ihn in der schlechten Jahreszeit am meisten gefährden. Es ist nämlich nicht die *Kälte als solche*, die dem Leben unserer einheimischen Pflanzen im Winter Gefahr bringt. Ihre Stämme und die Knospen können ja im Winter weit unter Null abgekühlt und weitgehend zu Eis erstarrt sein, ohne daß sie Schaden nehmen. Was der Baum nicht ertragen kann, ist *Wasserverlust*, wenn (z. B. bei gefrorenem Boden) ein Nachschub von Wasser von der Wurzel her unmöglich wird. Da wir nun die Blätter als die Hauptorgane der Wasserabgabe des Baumes kennenlernen werden, so versteht man, wie nützlich ihr Verschwinden im Winter sein muß. Doch muß dann auch die Oberfläche des Stammes und der sehr exponierten Winterknospen gegen Wasserverlust geschützt sein. Der Stamm bildet Korkschichten, die Knospe Schuppen, die in diesem Sinne wirken.

Was dem nicht geschulten Beobachter der Natur am Baum auffällt, das sind natürlich nicht die kleinen, doch so wichtigen Knospen, sondern das gewaltige Gerüst von Stamm, Ästen und Zweigen, dem im Winter eben diese Knospen, im Sommer aber die Blätter aufsitzen. Dieses Gerüst muß, wie die Bauwerke des Architekten und des Ingenieurs, *fest* gebaut sein, denn es hat zunächst seine eigene Last — viele Zentner bei einem großen Baum — zu tragen, es hat sich außerdem gegen die Gewalt des Windes, ja des Sturmes zu verteidigen. In der Ausbildung des Baumgerüstes, in der „Baumarchitektur", aber tritt uns die gleiche Mannigfaltigkeit entgegen, die wir in dem Bestehen so vieler Lebensformen bewundern. Jede Baumart hat ihre eigenen Gesetze, nach denen sie ihr Gerüst aufbaut. Ja, „gesetzmäßig" ist der Bau überall, wo man ihm etwas mehr nachspürt, auch wenn er auf den ersten Blick völlig unregelmäßig erscheinen sollte.

II. Die Architektur des Baumes

In der Jugend ist das Verzweigungssystem eines Baumes nicht anders als das eines Krautes oder einer Staude. Später aber besteht der Unterschied nicht nur in den Maßen, in der reichlichen Verzweigung, in der Verholzung und Verdickung des oberirdischen Bauwerkes, sondern vor allem in der Ausbildung von Achsen ganz verschiedener Mächtigkeit und verschiedener Lage im Raum. Im Aufbau des *Stammes* und der *Äste*, die ihrerseits mit *Zweigen* besetzt sind, also in der Gestaltung des ganzen Skelettes, das dann erst der Träger der Blätter und Blüten ist, gibt es aber zahllose Unterschiede zwischen den einzelnen Baumarten, so daß man in der Regel auch im winterlichen Zustand eines Baumes ohne Kenntnis der Blätter, Blüten und Früchte feststellen kann, zu welcher Art er gehört. Neben den Artunterschieden gibt es auch individuelle: das Alter des Baumes und das, was er erlebt hat, prägt sich in seinem Bau, seiner Architektur aus.

Wenn wir nun den Versuch machen, die Gesetze aufzudecken, die den Aufbau des Baumes beherrschen, so behandeln wir damit eine Frage, die ohne alle Fachkenntnisse und ohne besondere Hilfsmittel, lediglich durch sorgfältige Beobachtung gelöst werden kann. Am Weihnachtsbaum und auf Spaziergängen kann jedermann solche Beobachtungen anstellen, und er wird vielleicht — wenn er das tut — neue Freude an dem Umgang mit der Natur gewinnen.

Eine Tatsache, die von grundlegender Bedeutung für das Verständnis der Baumgestalt ist, müssen wir vorausschicken. Zweige können nicht an beliebigen Stellen des Baumkörpers entstehen, sondern nur an zwei Orten: entweder an der Spitze eines Zweiges als seine Fortsetzung, ausgehend von der Endknospe, oder seitlich aus Knospen, die im Winkel zwischen Blattansatz und Achse, in der „*Blattachsel*" stehen. Eine Gabelung der Stengelspitze dagegen kommt bei den heute lebenden Bäumen nicht vor. Die Endknospen sind im Vergleich zu den Achselknospen in viel geringerer Zahl vorhanden, aber sie sind leichter sichtbar. Beide werden schon im Laufe des Sommers angelegt; um aber zu dieser Zeit die Achselknospen zu beobachten, muß man bei unseren Laubbäumen, etwa beim Ahorn, die Blätter zurückbiegen oder noch besser ganz entfernen. Dementsprechend sind im Herbst und Winter, wo die Blätter gefallen sind und die Knospen noch an Größe gewonnen haben, diese besonders

Abb. 1. Ende eines jungen Fichtenbäumchens.

gut zu erkennen. Dann sieht man oberhalb einer dreieckigen „Narbe" des abgefallenen Blattes die von Schuppen umschlossene „Winterknospe" (Abb. 19, S. 28).

Um in die Architektur des Baumes *einzuführen*, wäre ein weiteres Verweilen beim Ahorn nicht geeignet; es gibt jedenfalls einfachere, übersichtlichere Formen, so bei der *Fichte*. Wir können ausgehen von einem einige Jahre alten Baum, wie er als „Christbaum" zur Weihnachtszeit in unser Haus kommt (Abb. 1). Betrachten wir ihn zu dieser Jahreszeit, so fällt ein durchgehender, genau im Lot wachsender Hauptstamm auf, der oben mit der Endknospe abschließt und weiter unten auf eine große Strecke hin mit Nadeln, die hier mehrere Jahre ausdauern, besetzt ist. Nadeln nennt man solche Blätter, die nicht flächenförmig ausgebreitet sind, sondern einen mehr oder weniger kreisförmigen Querschnitt haben und oft mit scharfer Spitze enden. Ein oberstes Stück des Baumes (Abb. 2), je nach seiner Wüchsigkeit wenige Dezimeter bis zu einem Meter lang, ist noch unverzweigt; es entspricht dem letzten Jahrestrieb des Hauptstammes und trägt dicht unterhalb der Endknospe einen Kranz von Seitenknospen, die in den Achseln hochstehender Blätter stehen. Eine Anzahl weiterer Knospen findet man in der Achsel einzelner tieferer Blätter; bei der Fichte trägt nicht wie bei den Laubhölzern *jedes* Blatt einen Achselsproß. — Im nächsten Frühjahr würden alle diese Knospen austreiben; es würde also neben der Verlängerung der Hauptachse auch eine seitliche Verzweigung eintreten. Statt diesen Vorgang wirklich in der Natur zu verfolgen, kann man auch durch Betrachtung der älteren Teile unseres Christbaumes die Entwicklungsgeschichte erkennen. Denn wir finden im Anschluß an die bisher betrachtete Spitze, die im letzten Jahr gebildet wurde, einen älteren, im Vorjahr entstandenen Teil des Baumes. Man sieht (Abb. 1), daß aus dem Quirl von Knospen Äste hervorgegangen sind und daß auch die tiefer stehenden Knospen zu freilich schwächeren Ästchen ausgewachsen sind. Beim weiteren Abwärtsschreiten stoßen wir immer wieder auf quirlartig angeordnete Äste, die also jedesmal die Spitze eines Jahrestriebes bezeichnen und die sich viel stärker entwickeln als die dazwischen befindlichen „Fülläste". Die Fichte hat also einen „Stockwerkbau", und jedes Stockwerk ist das Produkt eines Jahres. Man kann demnach aus der Zahl der Stockwerke das Alter des Baumes bestimmen, wenigstens solange er jung ist und keine Veränderungen

Abb. 2. Endtrieb einer erwachsenen Fichte. Endknospe, drei Quirlknospen und zahlreiche kleinere Knospen in einzelnen Blattachseln.

erfahren hat. Wenn die zwischen den Quirlästen angebrachten Fülläste fehlen, wie bei Araucaria (Abb. 3), dann tritt der Stockwerkbau noch viel deutlicher zutage. Doch wäre es verkehrt zu glauben, daß auch bei diesem Baum jedes Stockwerk in einem Jahre entstanden sei.

Stamm und Äste sind im Grunde gleich. Beide sind Achsen, die mit Nadeln besetzt sind. Sie unterscheiden sich einmal in der Wachstumsintensität, dann aber, viel tiefgreifender, in der Rich-

Abb. 3. Araucaria excelsa. Stockwerkbau.

tung, die sie im Raume einnehmen, und endlich in der Verzweigung. Die Länge der Äste ist immer geringer als die des Stammes, und damit hängt die „Pyramidengestalt" der Fichte zusammen. Diese wird um so schlanker erscheinen, je ausgesprochener das Zurückbleiben des Wachstums der Äste hinter dem des Stammes ist. Wenn das Längenwachstum der Äste größer wird als das des Stammes, dann kommt die schirmförmige Gestalt zustande, die wir in der Krone der alten Pinien bewundern. — Während der Stamm sich in den Halbmesser der Erde, in das *Lot* einstellt, bilden die Äste stets einen Winkel mit diesem. Er ist an den jüngsten Ästen ein spitzer und geht bei den älteren allmählich in einen stumpfen über. Die jungen Äste sind also ziemlich steil nach oben gerichtet, die alten hängen herab. — Die Verzweigung von Ast und Stamm ist sehr ähnlich, die Unterschiede erklären sich durch eine verschiedene Symmetrie der beiden Organe. In der Stellung der Blätter ist davon noch nichts zu bemerken: sie sitzen an beiden Achsen nach allen Richtungen gleichmäßig verteilt, „*radiär*", wie man das nennt, und sie sind in einer Schraubenlinie angeordnet, die man auf dem Stamm aufzeichnen kann, wenn man die Ansatzpunkte der aufeinanderfolgenden Blätter miteinander verbindet. Bei der Ausbildung der Seitenzweige aber zeigt sich die Differenz; am Stamm sind diese radiär angeordnet, am Ast „dorsiventral"; der Ast hat also dieselbe Symmetrie wie der menschliche Körper, er hat eine Rücken- und eine Bauchseite sowie eine rechte und eine linke Flanke. Statt des allseitigen Quirles am Endes des Stammes finden wir an der gleichen Stelle des Astes nur je einen Seitenzweig nach rechts und links und einen nach unten ausgebildet, während die Oberseite meist leer bleibt. Von diesem Unterschied abgesehen wiederholt der Ast den Aufbau des Stammes bis ins einzelne. Er besteht also ebenfalls aus Stockwerken und trägt außer den Zweigen, die deren Grenzen bezeichnen, auch kleinere „Füllzweige". — Die weiteren Auszweigungen an den Ästen, die Bildung von Zweigen zweiter, dritter usw. Ordnung vollzieht sich nach denselben Regeln, doch vereinfacht sich die Verzweigung mehr und mehr: zuerst fallen die Füllzweige weg, dann auch die Quirltriebe, so daß also in höheren Ordnungen nur noch die Endknospe in Tätigkeit bleibt (S. 30). Wesentlich ist, daß die Auszweigungen, die direkt oder indirekt den Ästen ansitzen, zum größten Teil in eine Ebene fallen, daß also das Verzweigungssystem der Äste sich im ganzen flächenförmig ausbreitet.

Mit dem Gesagten ist der Aufbau der Fichte in den Grundzügen geschildert; man versteht seine fast geometrische Regelmäßigkeit. Aber es muß noch hervorgehoben werden, daß man am erwachsenen Baum nicht mehr alle Glieder findet, die man am jungen hat entstehen sehen. Dem Wachstum an der Spitze des Stammes, der Äste und der Zweige parallel geht ein Absterben und eine Vernichtung älterer Teile, also der untersten Äste, der untersten Zweige. Nur beim völlig freistehenden Baum des Parkes oder

der Parklandschaft im Hochgebirge bleiben die unteren Äste erhalten, im Wald aber, wo Baum neben Baum in dichtem „Bestandesschluß" steht, ist das Absterben der Äste ein weit hinaufgreifender Vorgang, der zur Scheidung des „Schaftes" von der „Krone" führt. Schaft ist eben der untere, von den Ästen gereinigte Teil, Krone der mit Ästen besetzte Teil des Baumes. Auf die Ursache dieser „Reinigung" ist später einzugehen (S. 30).

Es ist von Interesse, einige andere einheimische Nadelhölzer in ihrem Aufbau mit der Fichte zu vergleichen. Der Aufbau der *Tanne* ist fast genau gleich dem der Fichte, doch tritt bei ihr der Stockwerkbau noch deutlicher zutage, einmal weil die Quirläste hier mehr als bei der Fichte in gleicher Höhe entspringen, dann weil die Äste noch mehr flächenförmig sind. Die *alte* Weißtanne unterscheidet sich aber im Gesamteindruck sehr stark von der Fichte, denn sie hat einen gerundeten Umriß; der

Abb. 4. Ausgewachsene Weißtannen mit abgerundetem Gipfel aus dem Schwarzwald. Nach *L. Klein.*

Haupttrieb bleibt im Verhältnis zu den Ästen im Wachstum zurück, und die unteren Äste lassen auch im Längenwachstum nach. Statt der spitzen Pyramide entsteht so eine abgerundete Kuppe (Abb. 4). Der wichtigste Unterschied zwischen den beiden Bäumen liegt freilich in dem Bau und der Anordnung der Nadeln, worauf an dieser Stelle indes nicht einzugehen ist.

Viel tiefgreifender ist die Abweichung im Wuchs der *Lärche.* Auch hier fällt in erster Linie ein Merkmal der Nadeln auf, das nicht ganz übergangen werden kann: sie sind hellgrün, weich und fallen im Winter ab, während Fichte und Tanne „*immergrün*“ sind. Wie die meisten unserer Laubbäume steht also die Lärche im Winter kahl da und läßt dann ihr Gerüst zu dieser Jahreszeit besonders leicht erkennen: es fällt der durchgehende Hauptstamm auf, dessen endständige Knospe von der Endknospe der Keimpflanze abstammt. Die Äste sind aber keineswegs in quirliger Anordnung, sondern ganz unregelmäßig am Stamm verteilt. Sie stehen annähernd waagerecht und sind nur an den Enden leicht aufgekrümmt. Ihre Seitenzweige aber hängen herab. Die ganze Krone ist auffallend durchsichtig, die Lärche ist ein *Lichtbaum*, der keinen Schatten macht und keinen erträgt; hierin liegt ein sehr tiefgreifender Unterschied gegenüber Fichte und Tanne, die ausgesprochene *Schattenbäume* sind. Betrachtet man einen größeren Zweig der Lärche, so findet man ihn am diesjährigen Trieb mit zahlreichen Nadeln besetzt, zwischen denen gestreckte Stengelglieder zu erkennen sind. Nur aus einigen Nadeln, etwa jeder sechsten bis zehnten, gehen dann im nächsten Jahre Seitenzweige hervor. Diese haben eine sehr merkwürdige Eigenschaft: die Nadeln bilden ein Büschel, die Glieder zwischen ihnen sind gestaucht. Im Gegensatz zu ihren Tragsprossen, die „*Langtriebe*“ heißen, werden diese „*Kurztriebe*“ genannt. Auch bei Tanne und Fichte gibt es Triebe mit geringerem Längenwachstum und solche mit gefördertem; aber die Unterschiede sind nicht so groß, daß man von Lang- und Kurztrieben sprechen möchte. Doch auch bei der Lärche besteht kein grundlegender Gegensatz zwischen beiden, denn man beobachtet, wie einige Zeit nach dem Austreiben etliche Kurztriebe nochmals zu treiben beginnen und nun zu Langtrieben auswachsen, während die Mehrzahl zwar mehrere Jahre am Leben bleibt und alljährlich die alten Nadeln wirft und neue erzeugt, dabei aber doch immer den Charakter von gestauchten Kurztrieben beibehält.

Noch auffallender als bei der Lärche sind die Kurztriebe bei der *Kiefer* ausgebildet. In der Jugend zeigt dieser Baum wie die Fichte ausgesprochene Quirläste. Da die Fülläste zwischen ihnen fehlen, ist der Stockwerkbau außerordentlich in die Augen fallend. Nur an der ganz jungen Pflanze ist die Hauptachse mit Nadeln besetzt. Später trägt sie statt ihrer häutige Schuppen, die nichts anderes als die bei der Streckung des Sprosses nicht abfallenden Knospenschuppen sind und die im Jahre der Streckung des Sprosses schon ihre Achselsprosse entfalten, und zwar *jede* einen. Und diese Achselsprosse sind nun Kurztriebe ganz extremer Ausbildung: sie tragen eine Anzahl von Schuppen, deren letzte sehr dünnhäutig sind und als sogenannte „Nadelscheide" die zwei einzigen Nadeln umhüllen, die der Kurztrieb ausbildet. Obwohl er mehrere Jahre am Leben bleibt, produziert er normalerweise keine weiteren Blätter und löst sich später im ganzen ab. — Die in der Jugend regelmäßig pyramidale Gestalt der Kiefer erfährt im Alter eine grundlegende Änderung, die wir bei den Laubbäumen näher kennenlernen werden.

Der flüchtige Blick, den wir auf die wichtigsten einheimischen Nadelhölzer geworfen haben, zeigt, daß im Grunde überall sehr ähnliche Gesetze den Aufbau regeln. Durch an sich unbedeutende Abänderungen aber werden dann doch die im einzelnen so stark verschiedenen Formen geprägt.

Als Beispiel eines Laubholzes wählen wir den *Ahorn*, der zunächst einmal nicht „Nadeln" wie die Nadelhölzer, sondern typische „Blätter" besitzt. Er ist ferner sommergrün, d. h. er wirft, wie das bei den Nadelhölzern nur die Lärche als Ausnahme tut, seine Blätter im Winter ab. Endlich ist auch seine Blattstellung eine andere, nicht die schraubige, sondern die „dekussierte", die Blattstellung in „gekreuzten Paaren": immer zwei Blätter stehen an einem Punkte der Achse einander genau gegenüber, die nächst höheren und die nächst tieferen sind ebenfalls zu Paaren angeordnet, aber sie stehen mit dem ersten Paar gekreuzt (Abb. 5).

Abb. 5. Diesjähriger Endtrieb eines jungen Ahorns.

Sämtliche Blätter einer Achse liegen dementsprechend in vier gleichmäßig verteilten Längszeilen. Da sie in ihrer Achsel Knospen tragen, aus denen die Äste hervorgehen, müssen diese ebenfalls in vier Längszeilen stehen und paarig angeordnet sein (Abb. 6). Die höchststehenden treiben am stärksten, entsprechen also den Quirltrieben der Fichte, die tieferen den Füllästen; doch ist der Unterschied zwischen beiden nicht scharf, ganz allmählich nimmt die Größe der Äste an einem Jahrestrieb von oben nach unten ab, und die tiefsten Knospen treiben gewöhnlich überhaupt nicht. Beim Übergang zum nächsttieferen Jahrestrieb trifft man dann wieder auf besonders große Äste. Es kommt also auch dem Ahorn ein Stockwerkbau zu, doch tritt er bei weitem nicht so deutlich in Erscheinung wie bei der Fichte, und auch der Ahorn ist in der Jugend eine schlanke Pyramide mit senkrecht stehendem Stamm und mit Ästen, die diesem in einem bestimmten Winkel ansitzen. Die Vierzeiligkeit der letzteren tritt übrigens wegen allerhand kleiner Unregelmäßigkeiten nicht immer deutlich und vor allem nicht durch viele Jahrestriebe hindurch in Erscheinung. — Früher oder später aber kommt es zu einer grundlegenden Veränderung. Der Stamm verliert seine beherrschende Stellung als zentrales Skelett, dem alle anderen Auszweigungen untergeordnet scheinen. Irgendein Ast richtet sich steiler auf als die anderen und tritt in Wettkampf mit dem Stamm. Bald kann man nicht mehr sagen, welches der Stamm und welches der Ast ist, beide entwickeln sich annähernd gleich stark — es ist so, als ob sich der Stamm gegabelt hätte (Abb. 7). Dieselbe Erscheinung kann sich wiederholen, und so wird der Ahorn ein Baum mit mehreren Hauptachsen *(polykormisch)*, während die Fichte normalerweise ein *monokormischer* Baum bleibt. Auch an den Ästen und den Zweigen

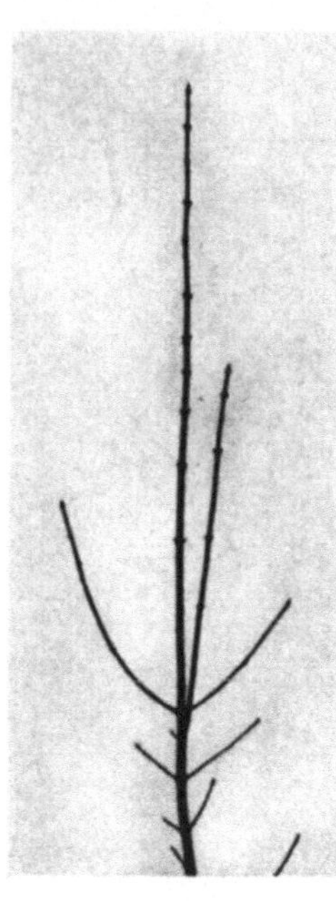

Abb. 6. Ende eines jungen Ahornbäumchens im Winter.

erfolgt in ähnlicher Weise das Erlöschen der relativen Hauptachse, in der Regel ist es aber hier dadurch bedingt, daß das Ende zum Blütenstand wird und dann abstirbt. Besonders im Winter, wenn die Zweige kahl sind, kann man den polykormischen Wuchs des Ahorns sehr gut erkennen. Und wenn dann am älteren Baum die Reinigung des Stammes von den unteren Ästen erfolgt ist, tritt hier der Gegensatz von Schaft und Krone viel deutlicher in Er-

scheinung als bei der Fichte, die ihre Jugendform zeitlebens beibehält. Der Schaft ist unverzweigt, die Krone sitzt ihm als ein reichverzweigtes Gebilde auf, das im Umriß eine rundliche, nicht eine pyramidale Gestalt annimmt. Monokormisch sind außer der Fichte zahlreiche andere Nadelhölzer, so die Tanne, die Lärche, die Zeder. Nur die Kiefer neigt in höherem Alter zur Polykormie, die bei den Laubhölzern Regel ist. Unter den letzteren hat nur die Erle Neigung zur Monokormie.

An ausgewählten Beispielen haben wir die

Abb. 7. Zwei erwachsene Ahornbäume im Winter.

Grundlagen der Baumarchitektur kennengelernt. Wir beschränkten uns auf eine beschreibende Darstellung. Jetzt wollen wir nach den *Ursachen* fragen, wobei sich eine ganze Anzahl von entwicklungsphysiologischen Problemen aufdrängt. Im Vordergrund stehen die Fragen nach dem Verhältnis des Stammes zum Ast, des Astes zum Zweig, ferner nach der Beziehung zwischen Blattstellung und Aststellung, endlich nach der Zahl der zur Entfaltung kommenden bzw. der nichtaustreibenden Knospen.

Aus unserer Schilderung geht hervor, daß kein durchgreifender Unterschied zwischen Stamm und Ast besteht. Immerhin haben wir die geringere Wachstumstätigkeit, die von der Lotlinie abweichende Lage im Raum und eventuell die abweichende Symmetrie des Astes kennengelernt. Die Stellung des Astes im Raum ist vor allem bei den verschiedenen Arten verschieden: Jedermann kennt die steil aufgerichteten Äste der Pyramidenpappel oder der Zypresse, auf der anderen Seite die fast unter 90 Grad dem Stamm ansitzenden Äste beim Ginkgo oder der Erle. Im übrigen sind diese Astwinkel durchaus nicht unveränderlich. Wir hörten schon bei der Fichte, daß die jungen Zweige einen spitzeren Winkel bilden als die alten; diese aber ändern ihren Winkel zur Lotlinie in ihrem Längsverlauf vielfach, da sie meist an ihrer Basis nach abwärts gebogen sind und späterhin, nach ihrer Spitze zu, wieder in die Höhe streben.

Eine Umbildung eines Astes in einen Stamm kann man bei dem polykormischen Ahorn ohne weiteres beobachten, und bei Bäumen wie der Fichte, wo ein schärferer Unterschied zwischen beiden zu bestehen scheint, kann man durch einen einfachen Versuch, von dem bald zu sprechen sein wird, den einen in den anderen überführen. Wenn somit die grundsätzliche Gleichheit von Stamm und Ast feststeht, so ist die Frage nach den Ursachen der tatsächlich bestehenden Unterschiede um so berechtigter.

Es sind jetzt mehr als hundert Jahre her, seit *T. A. Knight* den experimentellen Nachweis erbracht hat, daß die Richtung der Hauptachse der Pflanze (Sproß und Wurzel) durch die *Schwerkraft* bestimmt wird. Selbst eine Abweichung von wenigen Graden aus der Lotlinie genügt, um einen jungen, im Längenwachstum begriffenen Stengel zu Krümmungen zu veranlassen, die man eben wegen der dabei beteiligten Schwerkraft als „*geo*"tropische Krümmungen zu bezeichnen pflegt. Je größer die Abweichung von der Lotlinie ist, desto deutlicher werden diese Krümmungen, durch die der obere Teil der Sprosse wieder in die Lotlinie zurückgeführt wird, in der er dann weiterwächst. Organe, die sich so verhalten, die also eine Art Ruhelage in der Lotlinie haben, nennt man „*orthotrope*" Organe. Auch die Hauptwurzel ist orthotrop, doch zeigt sie gewisse Unterschiede gegenüber dem Sproß, die aber hier nicht weiter von Interesse sind. Es gibt aber andere Organe, die man „*plagiotrope*" genannt hat, und zu ihnen gehören die seitlichen Verzweigungen des Sprosses, in erster Linie also die Äste. Auch sie sind geotropisch. Werden sie aus ihrer Ruhelage nach abwärts geführt, so machen auch sie eine Aufkrümmung, die wie beim Hauptsproß durch verstärktes Wachstum der nach unten schauenden Seite zustandekommt, die aber aufhört, wenn der Sproß in die Stellung eingerückt ist, die er vorher zur Lotlinie, also auch zur Hauptachse, hatte. Es wirkt also offenbar in den Seitenorganen eine „besondere" Kraft gegen den normalen Geotropismus. Was

Abb. 8. Fichte. Nach Verlust des Gipfels haben sich Seitentriebe aufgerichtet, besonders stark der links oben stehende.

sie ist, damit haben sich die Physiologen in den letzten Jahren eingehend und erfolgreich beschäftigt, aber es ist nicht gut möglich, ihre Ergebnisse weiteren Kreisen verständlich zu machen; für unsere Zwecke ist das auch nicht nötig, es genügt uns zu wissen, daß das besondere Verhalten der Seitensprosse *durch die Gegenwart des Hauptsprosses bedingt* ist. Und das ist eine Tatsache, die man leicht durch einen Versuch erhärten kann. Wird bei der Fichte der Endtrieb entfernt, so bilden sich alsbald die benachbarten Quirlzweige zu Hauptsprossen um (Abb. 8). Sie fangen an, sich aufzukrümmen; in der Regel gelingt das einem von ihnen besonders rasch, und er wird zum neuen Haupttrieb. Dabei nimmt er nicht nur dessen Stellung ein, verhält sich also jetzt orthotrop, sondern er erhält auch die Wachstumsintensität und die Verzweigungsweise des Haupttriebes; er bildet also seine weiteren Auszweigungen allseitig und nicht nach der Art der Seitenzweige, er hat seine Dorsiventralität verloren. Es kann freilich auch vorkommen, daß zwei Zweige in dem Wettstreit siegen, und dann entsteht ein Baum mit

Abb. 9. Kiefer. Die jungen Triebe am Ende der Äste stehen aufrecht wie Lichter am Christbaum.

zwei Gipfeln, eine polykormische Fichte, von der später noch zu reden sein wird.

Die Gegenwart des Haupttriebes ist es also, die die Seitentriebe plagiotrop macht. Diese physiologische Umstimmung erfolgt manchmal ganz frühzeitig in der Knospe, manchmal erst später. Betrachtet man eine Kiefer beim Austreiben ihrer Knospen, so sieht man, daß die jugendlichen Seitenzweige orthotrop sind und lotrecht auf den Ästen und Zweigen sitzen wie die Lichter auf dem Christbaum (Abb. 9). Erst allmählich werden sie in die Schräglage übergeführt.

In dem eben besprochenen Versuch mit der Fichte konnte die Umstimmung des Astes durch Entfernung des *Haupttriebes* nachgewiesen werden; in anderen Versuchen ist gerade das Umgekehrte erfolgt, man hat den *Seitenzweig* entfernt. Wenn die Fähigkeit in ihm wohnt, unter geeigneten Bedingungen am unteren Ende Wurzeln auszubilden, wenn man mit anderen Worten einen

Abb. 10. Fichte, deren untere Äste sich bewurzelt und aufgerichtet haben. Nach *Schröter*.

„*Steckling*" aus ihm machen kann, so zeigt sich, daß dieser in der überwiegenden Mehrzahl der Fälle seine Plagiotropie verliert und aufrecht wächst. Bei der Fichte scheinen Stecklinge nicht zu gelingen, aber es ist doch in der Natur eine Bewurzelung der untersten Äste beobachtet worden, wenn diese von ganz feuchtem Moos überwuchert werden. Dann richten sich die Enden dieser, wenn auch noch im Zusammenhang mit der Mutterpflanze stehenden, doch selbständig gewordenen Äste auf, werden orthotrop, und im Kreise um den alten Baum ist eine Kolonie von jungen entstanden (Abb. 10). Hier kann also der vom Stamm ausgehende Einfluß noch sehr spät aufgehoben werden. In anderen Fällen ist die erzeugte Plagiotropie sofort gefestigt, ein Steckling aus einem Ast sieht also ganz anders aus als einer aus der Hauptachse; er behält seinen dorsiventralen Wuchs bei. Das trifft z. B. bei den *Araucarien* zu (Abb. 11).

Die mitgeteilten Erfahrungen bestätigen unsere Auffassung, daß Stamm und Ast, Ast und Zweig im Grunde gleich sind; sie können ohne Schwierigkeiten ineinander übergeführt werden.

Abb. 11. Ast einer Araucaria als Steckling behandelt; er hat seinen plagiotropen Wuchs beibehalten. Nach *Voechting*.

Daß auch zwischen Kurztrieb und Langtrieb kein wesentlicher Unterschied besteht, kann man bei der *Lärche* beobachten, wo ja (S. 10) einzelne Kurztriebe späterhin noch zu Langtrieben werden. Schärfer ist der Unterschied zwischen den beiden Trieben bei der Kiefer, aber auch hier gelingt es durch rechtzeitiges Abschneiden der Gipfelknospe, einzelne Kurztriebe zur Wiederaufnahme der Wachstumstätigkeit und zum Übergang in Langtriebe zu zwingen.

Solche Wechselbeziehungen sind unter den allerverschiedensten Organen der Pflanze weit verbreitet. Bei der Wurzel z. B. wird durch Abschneiden der Spitze, ja schon durch ihre Verhinderung am Wachsen, die man mit Eingipsen erzielen kann, eine Seitenwurzel zur Hauptwurzel umgewandelt. Man bezeichnet solche Beziehungen als *Korrelationen*. Mit diesem Ausdruck ist zunächst nicht mehr gewonnen als die Ersetzung eines Wortes durch ein anderes, gelehrter klingendes. Die Hauptfrage ist, was können wir uns unter solchen Korrelationen denken? „Nerven" hat die Pflanze nicht, durch die von einem Zentrum aus die Glieder geleitet werden könnten, ja nicht einmal einen *Blutkreislauf* besitzt sie, durch den rasch Stoffe von einem Teil auf den anderen verschoben werden und dort ihre Wirkung entfalten könnten; und doch können wir uns schwer vorstellen, daß etwas anderes als *stoffliche Einflüsse* im Hintergrund aller Korrelationen stehen. Es wäre möglich, daß die Endknospe Stoffe an sich reißt, sie den anderen Organen entzieht; man könnte zunächst einmal an das Wasser und die Nährsalze denken und könnte dafür den Erfolg der Bewurzelung jener in Moos eingebetteten Fichtenäste anführen, könnte auch darauf hinweisen, daß eine ringförmige Unterbrechung der Rinde unterhalb der Endknospe bei erhaltenem Zusammenhang des Holzkörpers nicht zum Orthotropwerden der Seitensprosse führt. Bei diesem Versuche sind aber die Leitungsbahnen für Wasser und Nährsalze erhalten, dagegen diejenigen für den Transport der organischen Substanzen unterbrochen (vgl. S. 76). Aber die Bedeutung dieses Versuches wird ganz unsicher, wenn man erfährt, daß bei Araucaria eine solche Rindenringelung die bestehenden Korrelationen zwischen End- und Seitenknospe *aufhebt*. Auch haben wir gehört, daß zwischen Hauptwurzel und Nebenwurzel die gleichen Beziehungen bestehen wie zwischen den Knospen; diese können aber beide in ganz gleicher Weise sich mit Wasser und Nährsalzen versehen. Wenn also dem Wasser und den Nährsalzen keine maßgebende Bedeutung zur Erklärung der Korrelationen zukommt, so kann man leicht zeigen, daß auch die gewöhnlichen *organischen* Baustoffe, wie Zucker und Eiweiß, die am Licht in den Blättern entstehen, nicht ihre Ursache sein können. Nun ist aber die neuere Pflanzenphysiologie auf Stoffe aufmerksam geworden, die man als „*Hormone*" bezeichnet hat, und von denen bekannt ist, daß sie in unwahrscheinlich kleinen Mengen sehr große Wachstumserfolge erzielen. So hat man in der Keimspitze der Gräser ein solches Hormon, das *Auxin*, nachgewiesen, hat es in chemisch reinem Zustand dargestellt und hat gezeigt, daß erst in 50 Millionen Keimspitzen des Hafers 1 mg davon enthalten ist. Der unter der Keimspitze gelegene Blatteil aber kann sein Streckungswachstum nur solange ausführen, als ihm aus der

Spitze dieses Hormon zufließt. Daneben hat es noch auf viele andere Vorgänge in der Pflanze großen Einfluß, so auf die Wurzelbildung und die Zellteilung. Es bewegt sich von den Orten, an denen es entsteht, mit ansehnlicher Geschwindigkeit in ganz bestimmter Richtung nach den Stellen, wo es gebraucht wird. Sicher ist das Auxin nicht das einzige Hormon, über das die Pflanze verfügt. Aller Wahrscheinlichkeit nach spielen auch bei der Bildung von Blättern und Blüten hormonale Wirkungen eine Rolle, doch steht zur Zeit noch nicht fest, ob auch hier das Auxin wirksam ist. Schließlich beruhen auch die Korrelationen zweifellos auf Hormonen, denn wir wissen z. B., daß von den Blättern ein Stoffstrom ausgeht, der eine Hemmung der Entwicklung von Knospen bedingt.

Da die Äste, wie wir gehört haben, in der Achsel der Blätter entstehen, muß notwendig die Blattstellung auch die Stellung der Äste und Zweige beeinflussen. In der Tat ist ja die Stellung der Äste beim Ahorn mit gekreuzten Blattpaaren ganz anders als bei der Fichte mit schraubiger Anordnung ihrer Nadeln. Auf die Verschiedenheit der Blattstellung bei den Bäumen einzugehen, würde uns viel zu weit führen. Nur ein besonders auffallender, weil ganz extremer Fall sei besprochen. Bei der *Ulme*, der *Linde* und einigen anderen Bäumen stehen die Blätter in zwei Längszeilen, die annähernd um die Hälfte des Stengelumfanges auseinanderliegen. Die eine Längszeile nimmt die Blätter 1, 3, 5 usw., die andere die Blätter 2, 4, 6 auf. Dementsprechend stehen denn auch die Äste mehr oder minder genau in einer einzigen Ebene, immer ab-

Abb. 12. Ulme im Winter. Sämtliche Zweige in einer Ebene.

wechselnd rechts oder links (Abb. 12). Wäre eine Endknospe vorhanden, die im nächsten Jahr ihre Blätter in der gleichen Ebene erzeugte, so müßten am erwachsenen Stamm sämtliche Äste in einer einzigen Ebene liegen, und denkt man sich gar, daß auch die Blätter der Äste und dementsprechend dann auch die Zweige in derselben Ebene lägen, so müßte sich eine höchst merkwürdige Baumgestalt ergeben. Warum tritt sie tatsächlich (Abb. 13) nicht auf? Um mit den Ästen zu beginnen, muß gesagt werden, daß diese ihre Blätter nicht auf der Ober- und Unterseite ausbilden, sondern auf den *Flanken,* annähernd rechts und links; ihre Achselsprosse stehen dann zwar in einer Ebene, aber diese steht senkrecht zu der Ebene, die die Äste aufnimmt. Damit ist also schon gesagt, daß mit der Ausbildung der ersten Zweige das Verzweigungssystem des Baumes aus der bisherigen Flächenhaftigkeit in den Raum übertritt. Betrachten wir jetzt, wie die Verlängerung der Hauptachse erfolgt, so findet man bei den genannten Bäumen leicht, daß am Ende eines Jahrestriebes überhaupt keine Endknospe zur Ausbildung kommt, daß

Abb. 13.
Ulme. Erwachsener Baum im Winter.

vielmehr das ganze Achsenende in unentwickeltem Zustand frühzeitig abgeworfen wird. Die höchste Knospe, die im nächsten Jahr die Verlängerung des Hauptstammes zu bilden hat, ist die *Achselknospe des höchsten Blattes*; der aus ihr hervorgehende Trieb wird also mit seiner Verzweigungsebene nicht die bisherige Verzweigungsebene fortsetzen, sondern er wird sich etwa unter 90 Grad mit ihr kreuzen. Also auch die Hauptachse ist auf die Dauer nicht so flächenhaft verzweigt, wie wir zunächst glauben mußten.

Diese Hauptachse ist nun aber in solchen Fällen wesentlich anders organisiert als die der Fichte oder des Ahorns. Ihre einzelnen Jahrestriebe sind jeweils *Seiten*sprosse des vorhergehenden Triebes, die Achse baut sich „*sympodial*" auf; so lautet der Fachausdruck für diese Erscheinung. Diesen sympodialen Aufbau sieht man nur, wenn man die Entwicklung der Achse verfolgt, nicht aber im fertigen Zustand, weil die einzelnen Jahrestriebe nicht, wie man das von Seitenzweigen erwarten sollte, einen Winkel mit ihrem Tragast bilden, sondern derart zu einem geradlinigen Gebilde vereinigt sind, daß man glaubt, eine einheitliche Hauptachse vor sich zu haben. Man betrachte den Stamm einer Linde, der wie eine Säule senkrecht sich erhebt, nicht anders als der der Fichte; und doch ist er *sympodial* aufgebaut, während die Fichte *monopodial* ist.

Wie wir es bei der Monokormie und Polykormie gesehen haben, so ist auch beim Monopodium und Sympodium der Unterschied nicht so tiefgreifend, wie man zunächst meint, denn es fehlt nicht an zahlreichen Übergängen. Vor allem gehen ausgesprochen monopodiale Bäume selbstverständlich zu sympodialem Wuchs über, wenn der Haupttrieb verletzt wurde und durch einen Seitentrieb ersetzt werden muß (Fichte, S. 15) oder wenn er zur Blütenbildung Verwendung findet und damit sein vegetatives Wachstum aufgibt (z. B. Roßkastanie). Aber auch sympodiale Bäume zeigen Übergänge zu monopodialen.

Abb. 14. Aus dem Verzweigungssystem einer Blutbuche. Die relativen Hauptachsen × und ++ sind Kurztriebe geworden, und Seitenzweige haben das Wachstum weitergeführt.

An der Buche kann man an einem und demselben Baum Zweige
finden, die frühzeitig die Gipfelknospe verkümmern lassen, neben
anderen, die sie zur Winterknospe ausbilden. Auch bei der Linde
sieht man die Gipfelknospe ganz verschieden lange bei der Verlängerung eines Sprosses tätig. Bei manchen wird sie schon im Juni
abgeworfen, bei anderen bleibt sie bis gegen Ende des Sommers
tätig; fast könnte man
glauben, daß sie durch
passende Eingriffe viel-
leicht sogar bis zum
nächsten Jahre erhalten
werden könnte, d. h. also,
daß sich unter Umständen
eine Endknospe zu bilden
vermag.

Wo das sympodiale
Wachstum Regel ist, da ist
es natürlich nicht auf die
Hauptachse beschränkt,
sondern kehrt auch an
den Seitentrieben wieder.
Dabei muß es nicht not-
wendig durch das früh-
zeitige Absterben der Endknospe zustande kom-
men, vielmehr sterben
oft auch schon mehr oder
minder *ausgebildete* und
schon *verzweigte* Endtriebe
ab und überlassen das wei-

Abb. 15. Von demselben Baum wie
Abb. 14. Ein zum Kurztrieb gewordenes
Ende ist mehrere Jahre noch kümmerlich
weitergewachsen. Links der höchste Seitentrieb, der inzwischen mächtig in die Dicke
gewachsen ist.

tere Wachstum Seitenzweigen. Die Abb. 14 zeigt das von einer
Buche, bei der aber die Erscheinung keineswegs häufig in dem
Umfange eintritt. Bei × ist ein früherer Leittrieb schon abgestorben,
und unter ihm hat sich besonders der nach rechts abgehende Seitenzweig stark entwickelt. Doch auch er ist im dritten Jahr am Ende
zum Kurztrieb ++ geworden, der von zwei hochstehenden
zweijährigen Trieben bereits übergipfelt ist. Wie Abb. 15 zeigt,
kann ein solcher endständiger Kurztrieb entweder bald absterben,

oder er kann jahrelang ein kümmerliches Dasein fristen. — Wenn, wie bei der Buche, die Zweige in spitzem Winkel zum Stamm ansitzen, dann kann sich bei der Sympodiumbildung der Ansatzwinkel allmählich so verkleinern, daß der Seitentrieb vollkommen in die

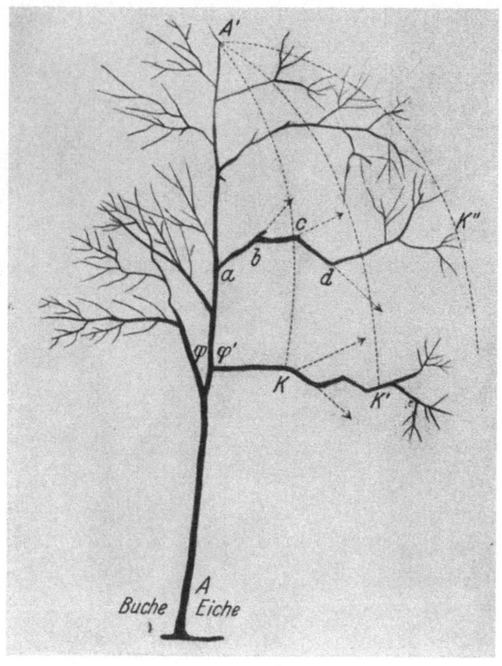

Abb. 16. Schematische Darstellung der Verzweigung, links Buche, rechts Eiche. Nach *N. I. C. Müller*.

Richtung des Haupttriebes fällt, der sympodiale Aufbau des ganzen Sprosses weitgehend verwischt wird. Anders bei der Eiche, wo nicht nur der Ansatzwinkel des Zweiges viel weniger spitz ist, sondern außerdem auch der Ersatz des Gipfeltriebs durch einen Seitentrieb noch viel später erfolgt. So kommt es zu dem eigenartigen Wuchs dieses Baumes (Abb. 16), den Goethe so treffend mit den Worten geschildert hat: „Die Eiche starret mächtig, und *eigensinnig zackt sich Ast an Ast*".

Wir fanden bei der Fichte, daß nur eine beschränkte Anzahl von Blättern überhaupt Achselknospen ausbildet, aus denen die zusammengedrängten Quirläste einerseits, die zerstreut stehenden Fülläste andererseits entstehen. Mit der Einschränkung der Zahl der Achselknospen wird die Möglichkeit der Verzweigung von vornherein hier stark verringert gegenüber den Laubbäumen, die über *allen* Blättern, sogar über den Knospenschuppen Achselknospen bilden. Diese haben freilich sehr verschiedene Größe und verschiedenes Schicksal. Gewöhnlich sind die untersten die kleinsten und bleiben auch normalerweise unentwickelt, während die obersten nicht nur die größten sind, sondern auch am leichtesten treiben. Treiben und Nichttreiben der Knospen aber läßt sich in mannigfacher Weise beeinflussen. Entwicklungs*fähig* sind sie alle, und wiederum entscheiden in erster Linie *Korrelationen*, welche von ihnen wirklich austreiben. Wohl am klarsten läßt sich das am Ende des Winters an einem mit zahlreichen Knospen besetzten Weidenzweig zeigen. Stellt man ihn in einem feuchten Raum lotrecht, so wird man nur die obersten Knospen treiben sehen (Abb. 17a). Schneidet man ihn aber in drei Teile (Abb. 17c), so treiben an *jedem* die höchststehenden Knospen, an dem untersten also Knospen, die am unversehrten Zweig völlig in Ruhe bleiben. An der Förderung dieser Knospen sind zwei Einflüsse beteiligt: ein innerer Zustand, den man „*Polarität*" nennt, und die Schwerkraft. Der innere Zustand äußert sich in einem Gegensatz

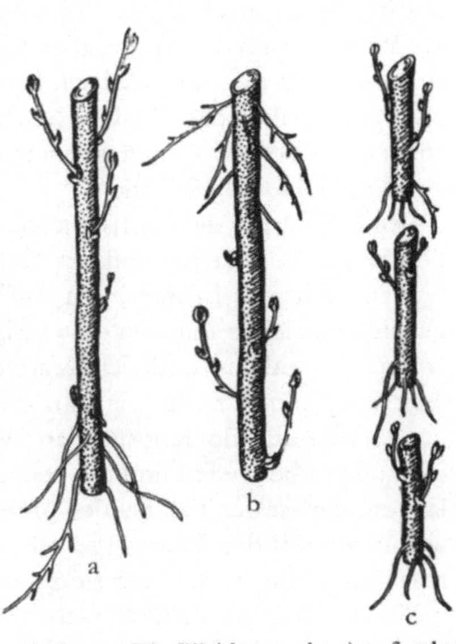

Abb. 17. Ein Weidenzweig a) aufrecht im feuchten Raum getrieben, b) ebenda in inverser Lage. c) Weidenzweig von gleicher Länge wie Abb. 17a in drei Stücke zerteilt und in feuchtem Raum getrieben.

von „Basis" und „Spitze", und er zeigt sich nicht nur am ganzen Zweig, sondern auch an seinen kleinsten Teilen; durch weitergehende Zerteilung kann man statt drei auch viele „Spitzen" erzeugen, und dann wachsen eine große Menge von Knospen, ja schließlich alle aus. Die Wirkung der Schwerkraft sieht man am deutlichsten, wenn man den Zweig in verkehrter Lage aufhängt, mit der Spitze nach unten (Abb. 17b). Damit kann man freilich die Polarität *nicht* umkehren, aber doch beeinflussen. Es entwickeln sich nicht etwa die physikalisch höchststehenden Knospen an der Zweig*basis*, aber das Treiben beschränkt sich nicht auf die paar spitzenständigen Knospen, sondern es werden auch ihre Nachbarn zur Entwicklung gebracht.

Die Förderung der hochstehenden Seitenknospen und der Endknospe durch Polarität und Schwerkraft bewirkt nun den raschen Höhenwuchs des Baumes, den Aufbau eines Skelettes, das schon bei einheimischen Bäumen oft 30 bis 50 m erreicht, bei den Eukalypten Australiens und den Mammutbäumen Kaliforniens aber weit über 100 m mißt. Es gibt freilich auch Holzgewächse, bei denen tiefstehende Knospen an Wachstumsintensität die hochstehenden übertreffen und die demnach nie zu solchen Höhen gelangen; das ist der Fall bei den *Sträuchern*, die in allen anderen Beziehungen mit den Bäumen so sehr übereinstimmen, daß die Veranlassung fehlt, mehr über sie zu sagen.

Was wir bei der Weide künstlich in einem Versuch erzielt haben, nämlich die umgekehrte Stellung eines Zweiges, findet sich bei den *Trauer*formen vieler Bäume *immer*. Es sind das Kulturrassen, deren Zweige einen sehr schwachen Geotropismus besitzen und nach kurzem Aufwärtswachsen, wohl unter dem Einfluß ihrer Last, sich nach unten krümmen und in dieser Richtung weiterwachsen. Die Polarität bringt es dann mit sich, daß ihre Seitenzweige an der nach abwärts gekehrten Spitze gefördert werden; auch sie wachsen abwärts. Späterhin macht sich dann eine Wirkung der Schwerkraft geltend; die an der höchsten Stelle des Zweiges, an der Krümmungsstelle befindlichen Seitentriebe werden im Wachstum begünstigt, während die Spitze mit ihren Verzweigungen abstirbt. So kommt es zu der Wachstumsweise, die in Abb. 18 von einer Hänge-*Sophora* dargestellt ist.

Nicht nur die völlige Umkehrung, sondern jede von der Lotlinie abweichende Lage eines Astes hat Einfluß auf sein Wachstum und seine weitere Verzweigung. Wenn die Seitenglieder, auch die meistgeförderten höchsten, doch gegenüber der Hauptachse in ihrer Wachstumsintensität zurückstehen, so ist das jedenfalls *zum Teil* eine Folge ihrer schrägen Lage. Bringt man Zweige künstlich in die waagerechte Lage, so treiben an ihrem Ende zwar *alle* Knospen, weiter rückwärts aber nur die Knospen auf der Oberseite. Alle Zweige, die an geneigten Sprossen austreiben, haben ein geringeres Längenwachstum als die am aufrechten Sproß entstehenden. In den Fällen, wo auch auf der Unterseite Knospen treiben, werden diese zu ausgesprochenen Kurztrieben. Umgekehrt nehmen oft mitten in der Krone eines Baumes einzelne Seitenzweige orthotropen Wuchs an; alsbald zeigen sie auch verstärktes Wachstum und reißen die dazu nötigen Nährstoffe aus der Nachbarschaft an sich; das sind die sogenannten „*Wasserreißer*", die nicht nur das übliche Bild des Aufbaus des Baumes stören, sondern auch physiologisch störend wirken und deshalb vom Gärtner entfernt werden.

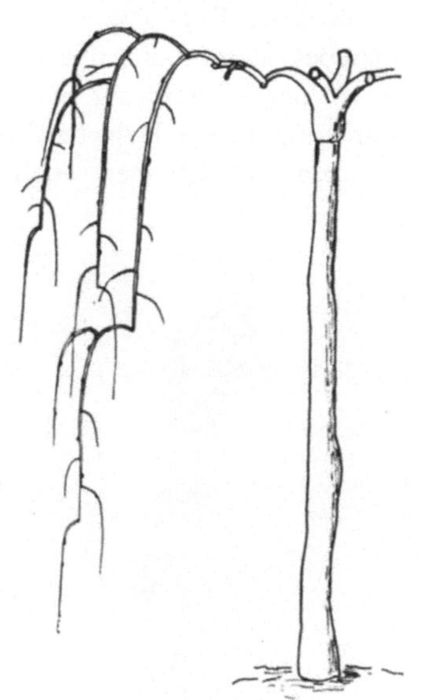

Abb. 18. Verzweigungsweise einer Trauerform von Sophora japonica. Nach *Voechting*.

Je mehr wir von den Ästen zu Zweigen immer höherer Ordnung übergehen, desto mehr schwindet auch die bestimmte geotropische Einstellung. Die letzten Auszweigungen stehen oft unregelmäßig nach allen Richtungen des Raumes, auch nach unten. Gleichzeitig wird auch die Wachstumsintensität der Zweige immer geringer, und schließlich entstehen Kurztriebe, die freilich in der Regel nicht so weitgehend vom Langtrieb verschieden sind wie bei der Kiefer. Sie zeichnen sich eben nur durch die geringe Länge ihrer Glieder aus, so daß Blatt auf Blatt an ihnen folgt. Dabei ist in der Regel auch ihre Entwicklungsdauer eine begrenzte, und die weitere Ausbildung von Seitenzweigen kann ganz eingestellt sein. Immerhin kann ein Kurztrieb noch jahrzehntelang mit seiner Endknospe weiterwachsen. Achtet man auf die Narben, die die Blätter nach ihrem Fall hinterlassen, die bei Laubblättern oft etwa dreieckig erscheinen, dagegen bei Knospenschuppen linienförmig, so kann man auch am viele Jahre alten Kurztrieb, wie in Abb. 19 von einer Roßkastanie, den Aufbau aus vielen kurzen Jahrestrieben, deren jeder nur wenige Laubblätter besaß, feststellen.

In der Schwerkraft und in der Polarität haben wir eine äußere und eine innere Ursache für die Tatsache gefunden, daß nicht alle angelegten Knospen auch wirklich austreiben. Es gibt noch andere Ursachen dafür, doch wollen wir ihnen jetzt noch nicht nachgehen, vielmehr zuvor die einfachere Frage verfolgen, wie viele und welche Knospen sich am weiteren Aufbau eines Baumes beteiligen. Wir wollen dabei mit einer Überlegung beginnen. Nehmen wir an, eine Ahornpflanze lasse außer den Endknospen an jedem Trieb nur zwei Seitenknospen austreiben, dann würde die Zahl *aller vorhandenen* Knospen sein:

Abb. 19. Mehrjähriger Kurztrieb einer Roßkastanie. Man erkennt die großen, etwa dreieckigen Narben der Laubblätter und die ringförmigen Narben der Knospenschuppen.

Im Jahr

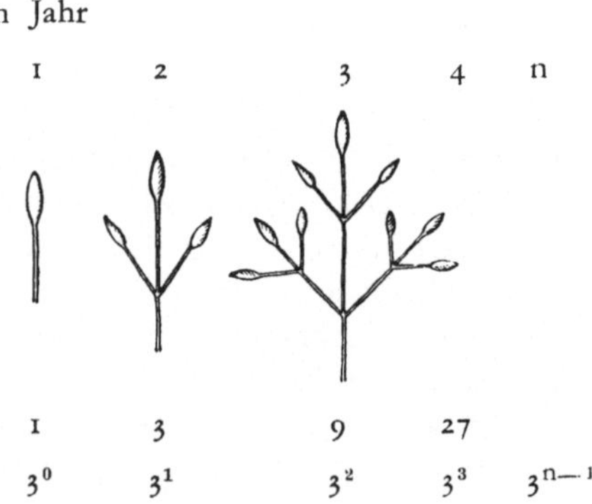

1	2	3	4	n
1	3	9	27	
3^0	3^1	3^2	3^3	3^{n-1}

28

	Gefunden wurden:				Zu erwarten waren:
	Buche	Birke	Tanne	Fichte	
2. Jahr					3
3. Jahr	8				9
4. Jahr	20				27
5. Jahr	43				81
6. Jahr	66				243
10. Jahr	295	238	726	135	19683

Unsere scheinbar so bescheidene Annahme geht also weit über die Wirklichkeit hinaus, es findet eine mit dem Alter des Verzweigungssystems steigende Einschränkung der zur Ausbildung kommenden Knospen und dementsprechend der Zweige statt, vor allem wird die Zahl der Seitenzweige mehr und mehr eingeschränkt.

Eine zweite Überlegung, die zuerst wohl *N. I. C. Müller* angestellt hat, betrifft die sogenannte *Ordnungszahl* der Verzweigungen eines Baumes. Die dem Stamm ansitzenden Äste nennt man Verzweigungen erster Ordnung, die an ihnen entspringenden Zweige Verzweigungen zweiter Ordnung usw. An der Keimpflanze eines Baumes treten im zweiten Jahr die Auszweigungen erster Ordnung auf, im dritten Jahr die zweiter Ordnung, und wenn wirklich, wie man es erwarten sollte, Jahr für Jahr eine neue Zweigordnung aufträte, dann müßte der hundertjährige Baum 99 Zweigordnungen besitzen. Tatsächlich findet man solche Zweigordnungen bei keinem einzigen Baum, auch wenn er noch so alt ist; nirgends wird die achte Ordnung überschritten, sehr häufig wird auch sie lange nicht erreicht. Wie Blattgestalt und Blütenform ist auch die Zweigordnung ein Artmerkmal:

Ganz unverzweigt sind die Baumfarne, die meisten Palmen, der Melonenbaum (Carica Papaya).

Eine Zweigordnung bildet aus: Hyphene tebaica (eine Palme),

2—3 Ordnungen: Immergrüne Bäume der Tropen,

4 Ordnungen: Ginkgo biloba,

5 Ordnungen: Fichte,

6 Ordnungen: Roßkastanie und Eiche,

7 Ordnungen: Robinie, Ulme, Esche,

8 Ordnungen: Eibe, Buche.

Woher rührt diese Beschränkung der Ordnungszahl? Sie kann primären oder sekundären Ursprungs sein, d. h. es entstehen gleich von vornherein weniger Zweige, als man nach der Knospenzahl erwarten sollte, oder es gehen bereits ausgebildete Zweige und Zweigsysteme wieder zugrunde. Je mehr wir von den Ästen zu den Seitenzweigen höherer Ordnung schreiten, desto häufiger sehen wir, daß nur die Endknospe des Zweiges treibt, die Bildung weiterer Seitenzweige also ganz eingestellt wird. Ganz besonders bei den unteren, stark beschafteten Ästen oder den inneren Zweigen tritt diese Erscheinung deutlich auf. Es liegt nahe, zu vermuten, daß der Lichtmangel die Ursache für die Einschränkung des Knospentreibens ist.

In der Tat hat das Licht einen großen Einfluß auf die Entwicklung der Triebe. Das sieht man z. B. bei der Verzweigung der Pyramidenpappel im Vergleich mit der bei den Weiden. Obwohl sich die beiden Bäume verwandtschaftlich nahestehen, ist ihre Verzweigung doch recht verschieden. Bei den fast aufrecht stehenden Ästen der Pyramidenpappel sind es die Knospen der *Unter*seite, die treiben, bei den mehr waagerecht ausgebreiteten Ästen einer Weide (Salix incana) aber die der *Ober*seite. Man könnte sagen: nun ja, hier sehen wir das zweckmäßige Walten im Organismus; er macht seine Zweige da, wo Platz für sie ist. Allein trotz Platzmangel können bei der Pappel die Knospen der Oberseite zum Treiben gezwungen werden, wenn wir die Unterseite verdunkeln oder die hier stehenden Knospen abschneiden. Bei den immergrünen Bäumen, bei denen die Verzweigung besonders gering ist (S. 29), ist auch die in den Kronen herrschende Beleuchtung eine sehr schwache, und insbesondere ist sie das auch im Frühling, wo beim laubwechselnden Baum das Licht tief in die Krone hineinfluten kann. Tatsächlich sehen wir bei diesen Immergrünen nur ganz außen in der Krone stehende, also gut beleuchtete Knospen treiben.

Erst recht durch das Licht bedingt sind die sekundären Einschränkungen der Ordnungszahl. Die sogenannte „*Reinigung des Schaftes*" von seinen Ästen, die Reinigung der Äste von ihren innersten Zweigen ist wesentlich durch Lichtmangel bedingt. Die zu stark beschatteten Teile sterben ab und werden schließlich ganz abgeworfen. Somit sind es die ältesten, also die am meisten verzweigten Teile, die zuerst wieder verschwinden. — Daß Knospen zu ihrer Entwicklung Licht brauchen, ist aber sehr auffallend, für den Botaniker fast befremdlicher als für den Laien. Denn man weiß doch, daß Samen in völliger Dunkelheit keimen, also Sprosse austreiben lassen, daß die Kartoffel auch im Dunkeln Triebe machen kann. Diese sind freilich gegenüber der Norm stark verändert (S. 43), sie sind *etioliert*, haben kleine gelbe Blätter und lange dünne Achsen. Jedenfalls wäre es höchst merkwürdig, wenn die Bäume sich ganz anders verhielten und im Dunkeln ihre Knospen nicht zur Entwicklung bringen könnten. In der Tat treiben denn auch die Knospen eines Ahornbaumes, den man in einen Topf gepflanzt hat und ins Dunkle gestellt hat, im Frühjahr ganz vortrefflich; auch sie bilden *etiolierte* Triebe. Warum gehen denn nun aber in der Natur aus den schlechter beleuchteten Knospen nicht auch solche etiolierten Triebe hervor, warum gibt es hier nur ein Entweder-Oder, ein normales Treiben oder völlige Hemmung? Die Antwort, „weil die Bildung etiolierter Triebe höchst unsinnig wäre" ist gewiß richtig, aber sie genügt uns nicht, denn wir suchen nach den *Ursachen* der Erscheinung und nicht nach *Zwecken*.

Wiederum sind es die Wechselbeziehungen, die Korrelationen, die unter den Knospen eines Baumes bestehen, die dahin wirken, daß das gute Treiben der einen die anderen an der Entfaltung hemmt. Sehr schön kann man solche Beziehungen an der Buche beobachten. Hat man den ganzen Baum ins Dunkle gebracht, so entfalten sich freilich nur eine beschränkte Anzahl seiner Knospen, sehr viel weniger als am Licht. Aber der Erfolg genügt, um zu zeigen, daß auch hier Wachstum ohne Beleuchtung möglich ist. Führen wir nur das Ende eines Buchenastes in eine dunkle Kammer ein und lassen seine Basis am Licht, so treiben die verdunkelten Knospen nicht, obwohl sie eine bevorzugte Stellung haben; wohl aber entfalten sich die beleuchteten an der Zweigbasis. Bringt man aber das bisher verdunkelte Ende nach einigen Wochen ans Licht, so kann es noch nachträglich zur Entfaltung kommen.

Nur ein kleiner Teil der an einem Baum angelegten Knospen kommt also zur Entfaltung, nur ein Bruchteil der entstandenen Äste und Zweige bleibt erhalten, Tausende und aber Tausende von Gliedern gehen, ohne etwas geleistet zu haben, nach kurzer Tätigkeit wieder zugrunde. Und gerade durch diesen *Massenmord* von Gliedern entwickelt sich der ganze Baum *harmonisch*. Kämen alle Knospen zur Entwicklung, so müßte ein dichtes Gewirr von Zweigen entstehen, zwischen dem kaum Raum für die Blätter und vor allem kein Licht für deren Tätigkeit wäre. Manche Pilze, so ein Rostpilz auf der Weißtanne oder ein Schlauchpilz (Exoascus) auf Kirschen stören durch ihre Entwicklung in diesen Pflanzen die Korrelationen zwischen den Knospen, es treiben deren viel mehr aus als gewöhnlich, und es entsteht ein besenartiges Gebilde, ein sogenannter *Hexenbesen*. Gerade durch solche Störungen wird die Bedeutung der Korrelationen für die Existenz des Baumes besonders klar. Wir können den Baum einem Staate vergleichen, der nur gedeihen kann, wenn die einzelnen Bürger verschiedenartige Arbeit leisten und der alle unnützen Bürger ausschließt. „Wer nicht arbeitet, stirbt", heißt das drakonische Gesetz dieses Staates. Da in ihm das Wohl des Ganzen nur durch den Opfertod der *meisten* Bürger gewährleistet wird, so kann er uns gewiß nicht als Vorbild für unseren Staat dienen. Wäre nun die Überzahl an Knospen, die überhaupt nicht zur Entfaltung kommen, wirklich ganz nutzlos, so wären sie gewiß im Laufe der erdgeschichtlichen Entwicklung der Baumgestalt längst verschwunden. Sie haben aber eine gar nicht so geringe Bedeutung; sie sind Organe der Reserve, die als Ersatz eintreten, wenn die tätigen Knospen durch einen Zufall vernichtet worden sind. Die großen Knospen, die abwärts von den entfalteten stehen, haben nur eine kurze Lebensdauer, und wenn nicht der Zweig unmittelbar über ihnen seinen Gipfel verliert, den sie ersetzen können, dann werden sie rasch zugrunde gehen, ohne irgendeinen Nutzen gestiftet zu haben. Durch das Dickenwachstum der Achse, an der sie sitzen, werden ihre Leitbahnen zerstört, und sie vertrocknen gewöhnlich im zweiten Lebensjahr. Anders die winzig kleinen Knospen am unteren Ende des Triebes, insbesondere in den Achseln der Knospenschuppen. Durch besondere Einrichtungen wird bei ihnen der Gefäßanschluß an die Achse immer wieder hergestellt, und so können sie viele Jahre alt werden, ohne sich zu rühren. Man hat sie nicht unpassend „*schlafende*" Knospen genannt. Nicht nur nach mechanischen Verletzungen des Baumes, sondern manchmal schon nach Lichtstellung eines bisher beschatteten Stammes sieht man solche Knospen austreiben. So kann der kahle Schaft einer im Bestandesdunkel erwachsenen Buche sich nach Freistellung des Baumes mit frischem Grün aus schlafenden Knospen bedecken.

Es ist erstaunlich, wie einfach letzten Endes die Entwicklungsgesetze des Baumes sind, erstaunlich auch, wie trotz der im Grunde überall gleichen Gesetze doch so verschiedene Gestalten entstehen. Die Verschiedenheit kann eine *spezifische* sein, d. h. durch die Zugehörigkeit zu einer bestimmten Art oder Rasse bedingt, sie kann aber auch eine *individuelle* sein, also bestimmt durch ungleiche Erlebnisse des einzelnen Baumes. Spezifisch ist der monokormische Wuchs der Koniferen, der polykormische der Laubbäume. Spezifisch ist weiter die Stellung der Äste, die bei der Pyramidenpappel aufrecht, bei der Eiche fast horizontal, bei der Fichte zuletzt hängend sind. Ferner die Zahl der Äste, die klein beim Ginkgo, groß bei der Birke ist, ferner die Ordnungszahl, die monopodiale oder sympodiale Entwicklung. Im letzteren Fall sehen wir bei der Linde den Ausgleich des Zweigwinkels frühzeitig und vollkommen erfolgen, während er bei der Eiche „eigensinnig" erhalten bleibt. Endlich die Ausbildung der Zweige als Lang- und Kurztriebe. Dazu kommen dann noch Dinge, auf die hier noch nicht eingegangen werden soll, das Dickenwachstum und vor allem Größe, Zahl, Gestalt und Lebensdauer der Blätter.

Bei den meisten Bäumen gibt es aber erbliche Rassen, die in einem oder mehreren solchen Merkmalen von der gewöhnlichen Art abweichen. So z. B. Rassen mit Pyramidenwuchs, bei denen die Äste viel steiler stehen als üblich, die Trauerrassen, deren Zweige Hängewuchs zeigen, Rassen mit stark verminderter Verzweigung, im Extrem überhaupt fast oder ganz unverzweigte Formen wie die Schlangenfichte usw.

Überall aber tritt zum spezifisch oder rassenmäßig Bestimmten auch noch das Individuelle hinzu, das bewirkt, daß zwei Exemplare einer Art in der Jugend kaum, im Alter bestimmt nicht gleich aussehen. Diese individuellen Abweichungen liegen zum Teil auf den gleichen Gebieten, wie wir sie als artcharakteristisch kennengelernt haben, d. h. also ein einzelnes Individuum kann sich unter Umständen auffallend anders entwickeln, als die Art das gewöhnlich tut. Zum Teil freilich berühren diese individuellen Abweichungen ganz andere Eigenschaften.

Unter den Außeneinflüssen, die die Einzelindividuen verschieden treffen, nennen wir vor allem Wind, Schnee und Tiere. — Der Wind steigert die Wasserdampfabgabe des Baumes. Erreicht diese eine gewisse Größe, so setzt sie schließlich dem Leben des Baumes durch Vertrocknen ein Ziel. Geschieht dies einseitig, was z. B. im Gebirge und an der See sehr häufig der Fall ist, so sterben auf der Windseite die vorhandenen Triebe ab, und die Bildung neuer wird ganz unterdrückt, die Krone sieht so aus, wie wenn sie vom Wind auf die „Lee"seite hinübergeblasen worden wäre(Buchen am Schauinsland [Abb. 20], Fichten am Feldberg). Noch stärkerer Wind macht schließlich das Höhenwachstum unmöglich; statt eines Baumes bildet sich ein am Boden kriechender Strauch. Diese Gestalt weisen z. B. die Fichten in der Arktis und im Hochgebirge (Abb. 21) auf, doch

Abb. 20. Windgeformte Buche vom Schauinsland im Schwarzwald.

dürften da neben dem Wind noch andere alsbald zu besprechende Einflüsse mitwirken. Schließlich macht der Wind dem Leben des Baumes völlig ein Ende; die höchsten Kuppen nicht nur der Alpen, sondern auch der Mittelgebirge sind baumfrei; aber auch die „*Baumgrenze*" ist nicht durch den Wind allein bedingt. — Neben seiner Einwirkung auf die Transpiration hat der Wind auch rein mechanisch Einfluß auf die Baumgestalt; durch Reiben und Peitschen der Blätter und Zweige aneinander werden diese geschädigt und schließlich getötet. Auch so kann es zu windgeschorenen Bäumen (Abb. 20) kommen. Der Sturm reißt nicht nur Blätter und Zweige, sondern auch Äste oder den Gipfel ab. Die Schäden werden so gut es geht durch Ersatzbildungen ausgeglichen. Es kommt zur Ausbildung vielgipfliger Fichten, Tannen usf. (Abb. 24). Auch Blitzschlag kann wie Sturm wirken.

Der Schnee kann die Baumgestalt in sehr verschiedener Weise formen. Nur ganz ausnahmsweise trifft er unsere sommergrünen Laubbäume nach der Laubentfaltung, und dann kann er sich auf und zwischen den Blättern in solchen Massen ansammeln, daß Zweige und Äste der Last nicht mehr gewachsen sind und in Massen brechen. Im ganzen entgehen die Laubbäume dieser Gefahr des Schneebruches, weil sie im Winter zumeist ihr Laub ver-

Abb. 21. Buschform der Fichte mit einzelnen aufrechten Trieben, die indes bald wieder abgestorben sind. Stübenwasen im Schwarzwald.

loren haben und demnach für Schneemassen wenig Stützpunkte liefern. Die Immergrünen aber sind dieser Gefahr in sehr hohem Maße ausgesetzt, doch wird sie z. B. bei den Nadelhölzern durch die Kleinheit der Nadeln verringert. Trotzdem kann es auch hier durch die Lasten zu Bruch oder zu starken Verbiegungen kommen, von denen manche nicht mehr ausgeglichen werden können. Auf der anderen Seite gewährt aber die Schneebedeckung einen vortrefflichen Schutz vor der tödlichen Einwirkung des Windes, und deshalb sieht man häufig im Gebirge den Baum soweit erhalten, als er schneebedeckt ist, während die aus diesem herausragenden Teile immer wieder absterben. Die kriechenden Formen, von denen oben schon die Rede war, verdanken also ihr Dasein auch dem Schnee.

Als dritter Feind des Baumes ist das Weidevieh zu nennen. Neben dem Wind und dem Schnee sind es die Kühe und die Ziegen, die zur Ausbildung der Baumgrenze in den Gebirgen führen und die, das kann man wohl sagen, in sehr vielen Fällen die Baumgrenze in tiefere Regionen schieben, als es die klimatischen Einflüsse nötig machen. Buchen und Fichten bilden an der Baumgrenze niedrige kuglige Büsche, weil alle höher ragenden Triebe vom Vieh immer wieder abgeweidet werden („Geißtannli", „Kuhbuchen" [Abb. 22, 23]). Sie verbreitern sich dann zu Kriech-

Abb. 22. Buschform der Buche. Stübenwasen im Schwarzwald.

formen. Wenn sie schließlich so breit geworden sind, daß das Vieh die mittleren Triebe nicht mehr erreichen kann, dann fangen diese an, zu Stämmen aufzuschießen. Nicht selten entwickeln sich deren mehrere aus der Mitte eines Kuhbusches, und es entstehen so die herrlichen Weidbuchen unserer Mittelgebirge, die oft von unten an polykormisch sind.

Auch der Baum altert. Wenn er noch so gut gepflegt wird und wenn er nicht solchen Gefahren ausgesetzt ist, wie wir sie eben an der Baumgrenze kennengelernt haben, so folgt doch notwendig aus inneren und äußeren Gründen auf eine anfängliche Erstarkung, eine Zunahme des Längen- und Dickenwachstums, ein Höhepunkt in der Entwicklung und dann ein Nachlassen. Man wird dieses ohne Bedenken vor allem auf die zunehmende Entfernung

36

zwischen Wurzelspitzen und Laubblättern zurückführen dürfen,
die den Stoffaustausch erschweren muß. Das von den Wurzeln
aufgenommene Wasser muß einen immer weiteren Weg zurück-
legen, bis es als Wasserdampf aus den Blättern austreten kann, und
die von den Blättern erzeugte organische Substanz hat es immer
schwerer, zu den Stämmen und Wurzeln zu gelangen, die sie ver-
brauchen. Die gleichen Schwierigkeiten müssen die Stoffe finden,
auf denen die Korrelationen beruhen. Immer aber werden zu den

Abb. 23. Kuhbuche.
Aus der Mitte des Busches erhebt sich ein aufrechter Baum. Nach *Klein*.

inneren auch äußere Einflüsse hinzukommen und schließlich den
stolzesten Baum zerstören. Wenn ein Baum durch Jahrzehnte,
Jahrhunderte oder gar Jahrtausende gelebt hat und ein Gerüst
von 30, 40, 50, ja vereinzelt über 100 m Höhe aufgebaut hat,
ist es kaum vorstellbar, daß dieses ungestört sich hat entwickeln
dürfen. Irgendwann hat der Sturm, hat der Blitz einen Ast ge-
brochen, das Wild die Rinde abgescheuert. Es entstehen Wunden,
und durch diese dringen die holzzerstörenden Schwämme ein, die
bei genügender Kräftigung oft auch auf gesunde Teile übergehen.
Gewöhnlich geht also dem Tod ein jahrelanger Kampf voraus,
und wieder sind es die Bäume der Baumgrenze, die Spuren dieser
Kämpfe und der Versuche, die Wunden zu heilen und an Stelle

Abb. 24. Weißtanne mit mehreren Gipfeln. Nach *Klein*.

Abb. 25. Arve aus der Baumgrenze. Nach *Klein*.

der verlorenen Triebe neue zu erzeugen (Abb. 24), am deutlichsten
zeigen. Es sind gedrungene, knorrige, vielgipflige Gestalten, die
z. B. die Arven im Hochgebirge aufweisen (Abb. 25), Gestalten,
die von der Form des im Park erwachsenen Baumes weit abweichen.

Unsere Schilderung hat sich ganz einseitig auf das Skelett des
Baumes beschränkt, sie hat nur seine Gestalt betrachtet und von
seinen Leistungen nur andeutungsweise gesagt, daß sie mechani-
scher Natur sind; das Skelett sorgt für die nötige Festigkeit, die
Last der Krone zu tragen und dem Winde Trotz zu bieten. Daß
es mehr für den Baum bedeutet, wird später zu sagen sein, wenn
sein innerer Bau genauer betrachtet wird. Kaum die Rede war
bisher von den Blättern, die dem Skelett ansitzen, und doch sind
sie in gewissem Sinne bei weitem der wichtigste Teil des Baumes.
Ihnen wenden wir uns jetzt zu.

III. Der Laubsproß

Der typische Baum besteht im Winter, wie wir hörten, aus einem
Skelett aus Stamm, Ästen und Zweigen. An den letzteren sitzen
die Knospen, die im Frühjahr neue Laubsprosse entwickeln.
Während das Skelett etwas für den Baum besonders Charakteristisches ist, finden sich Laubsprosse bei allen Lebensformen.
Dennoch ist auch ihre Schilderung unbedingt notwendig, denn
sie sind Organe von grundlegender Wichtigkeit für das Leben
des Baumes, und ohne sie hätte auch das Skelett keinen Sinn. Wir
haben also jetzt zunächst den Bau der Knospen und ihr Austreiben
zu studieren.

Wir beginnen wieder mit der Fichte und wählen zur Untersuchung eine möglichst große Knospe. Ihre Gesamtgestalt ist
eiförmig, und man erkennt mit bloßem Auge an ihr zahllose
braune Schuppen; die äußeren sind kleiner, die inneren größer.
Sie lassen sich ohne Schwierigkeit etwa mit einem kleinen Messer-
chen entfernen, und dann findet man einen grünen Kegel, der
unter dem Mikroskop mit zahlreichen, regelmäßig angeordneten
Höckerchen besetzt erscheint (Abb. 26a und b), den künftigen
Blättern. Ein Längsschnitt durch diesen Kegel zeigt unter dem
Mikroskop (Abb. 26c), daß alle diese Blattanlagen fast gleich groß
sind. Am Ende sieht man eine sanfte Abwölbung, die als

„*Vegetationspunkt*" bezeichnet wird. Hier befinden sich junge, ganz mit Protoplasma erfüllte, embryonale Zellen, aus denen dann im nächsten Sommer eine neue Endknospe entsteht. Beim Austreiben im Frühjahr werden die Knospenschuppen abgeworfen, und der kleine grüne Kegel streckt sich zum Stamm, der leicht $^1/_2$ m und länger werden kann. Die Blattanlagen entwickeln sich gleichzeitig zu den bekannten Nadeln, nur die alleobersten werden wieder zu Schuppen der nächstjährigen Knospe. Wir haben hier

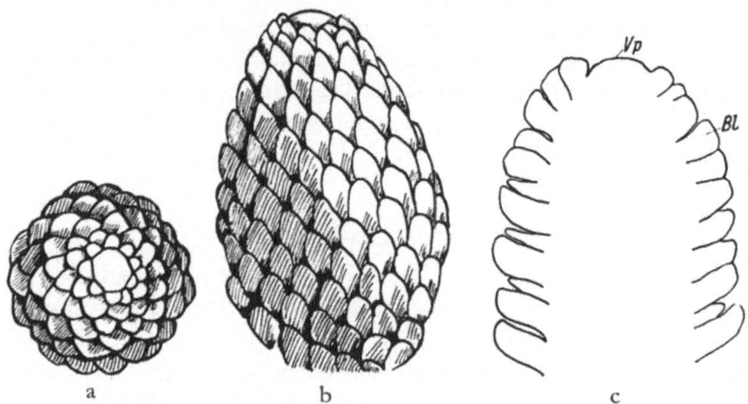

Abb. 26. Knospe einer Fichte nach Entfernung der Knospenschuppen, a) von oben, b) von der Seite, c) Längsschnitt. *Bl* Blätter, *Vp* Vegetationspunkt. Vergr. 25.

einen besonders einfachen Fall einer Knospe vor uns: der ganze Jahrestrieb ist in ihr schon angelegt und bedarf im Frühjahr nur der Entfaltung, also des Streckenwachstums.

Als zweites Beispiel wählen wir eine starke Knospe des Bergahorns. Auch sie besteht zuäußerst aus Schuppen. Sie sind viel größer als die der Fichte, und sie stehen anders, nämlich in gekreuzten Paaren. Aber ihre Zahl ist nur gering (etwa 6 Paare), und sie nehmen nach innen an Größe zu. Haben wir das letzte Paar abgetragen, so finden wir nicht wie bei der Fichte eine große Menge von Blattanlagen, sondern nur ganz wenige, und diese sind verschieden weit entwickelt (Abb. 27 a und b). Das unterste gleicht schon sehr dem erwachsenen Laubblatt, wenigstens kann man dessen fünflappige Blattfläche erkennen, die jetzt freilich nicht

40

flach ausgebreitet, sondern vielfach gefaltet auf engen Raum zusammengepreßt ist. Ein Stiel ist an ihr noch nicht wahrzunehmen,
der entwickelt sich erst später bei der Entfaltung. Dieses unterste

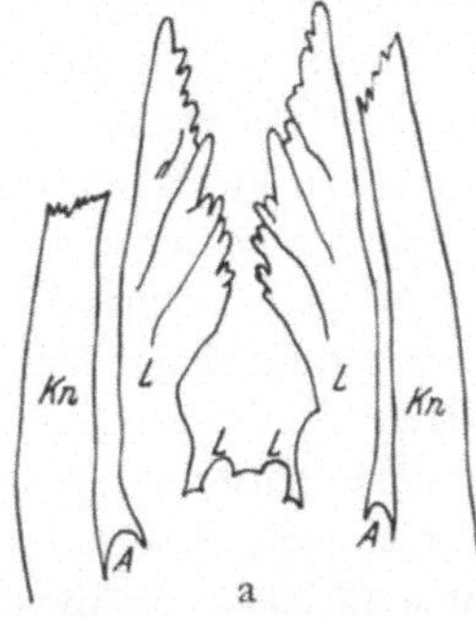

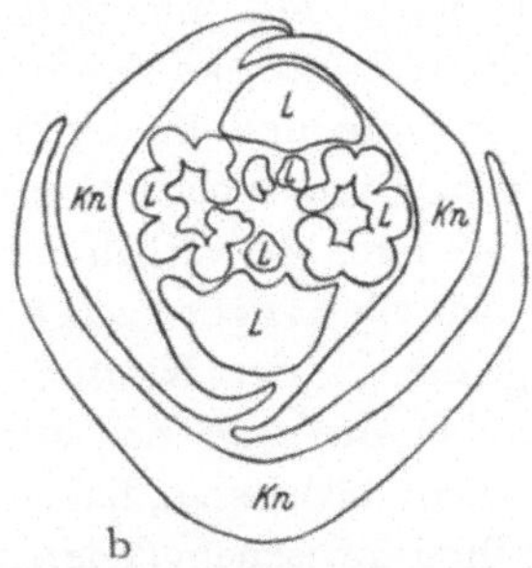

Abb. 27. Knospe des Ahorns, a) im Längsschnitt, b) im Querschnitt.
L Laubblattanlagen, *Kn* Knospenschuppen, *A* Achselknospen. Vergr. 25.

Blattpaar verdeckt den ganzen Rest der Knospe. Trägt man es ab,
so folgt ein zweites ähnliches Paar, das etwas kleiner ist, aber auch
noch alles weitere einhüllt. Dann kommen kleinere und noch nicht
soweit gegliederte Blätter; die letzten sind
halbkugelige Höcker direkt unter der Kuppe
des Vegetationspunktes. Trotz der geringen
Anzahl der Blattanlagen können doch alle im
nächsten Sommer zur Entfaltung kommenden
schon im Winter angelegt sein. Aber es gibt
auch Knospen, besonders die Endknospen
starkwüchsiger, junger Pflanzen, die außer den
schon angelegten Blättern im Laufe des Sommers noch weitere bilden. Früher oder später
werden dann wieder Knospenschuppen erzeugt, die den Jahrestrieb beendigen. Das Austreiben der Knospen erfolgt in der Weise, daß
die äußersten Schuppen einfach abgeworfen
werden, die inneren aber zuvor noch in
ihrem basalen wachstumsfähigen Teil eine
Streckung durchmachen (Abb. 28); dadurch
gewinnt der junge Sproß im Innern Raum
zu seiner Entfaltung.

Abb. 28. Winterknospe einer Roßkastanie im Treiben.

41

Betrachten wir den ausgetriebenen Sproß des Ahorns näher, so zeigt sich zunächst einmal die Achse deutlich in Knoten — die Stellen, wo die Blätter sitzen — und Zwischenglieder („Internodien") gegliedert, während bei der Fichte eine solche Gliederung vermißt wird. Die Internodien aber sind nicht alle gleich groß, vielmehr trifft man an der Basis des Triebes und ebenso an der Spitze kürzere und in der Mitte längere. In einem Einzelfall wurden von unten nach oben folgende Längen gemessen: 3, 25, 96, 71, 12 mm. So verhalten sich wenigstens die Triebe, die nur kurze Zeit ein Längenwachstum aufweisen und sich auf die Entfaltung der in der Knospe vorgebildeten Teile beschränken. Solche aber, die lange Zeit wachsen und neue Blätter anlegen und sofort austreiben lassen, haben nicht diese einfache Änderung der Länge ihrer Zwischenglieder. Hier sieht man nach der Abnahme der Internodienlänge wieder eine einmalige oder gar mehrmalige Zunahme eintreten. So z. B. in einem Einzelfall: 97, **107**, 93, 97, 82, 73, **82**, 77, 55, **65**, 46, 43, 27, 29, 23, 2 mm. Solche lange wachsenden Knospen leiten über zu einem Typus der Triebbildung, den wir besonders deutlich bei der Eiche finden, wo nach Ausbildung des Frühlingstriebes und Abschluß desselben durch Knospenschuppen die Endknospe ein zweites Mal sich öffnet, um den sogenannten „*Johannistrieb*" zu erzeugen. Als Norm für die Bäume aber gilt die Regel, daß nur *ein* Trieb im Jahre erfolgt, und daß sowohl seine Endknospe wie seine Seitenknospen *für das nächste Jahr bestimmt* sind. Daß besondere Umstände zum Austreiben weiterer Knospen führen können, wird alsbald zu besprechen sein.

Das Treiben der Bäume, die Streckung der in der Winterknospe enthaltenen Anlage, ist an die Zufuhr von Wärme, doch auch an eine gewisse Jahreszeit gebunden. Wärmezufuhr im Spätherbst und am Anfang des Winters hat gar keinen Einfluß auf die Knospen. Später aber, je näher dem Frühjahr desto leichter, kann man die Knospen durch Wärmezufuhr „*künstlich treiben*". Wenn nun ein und derselbe äußere Einfluß, eben die Temperatur, am Anfang des Winters eine ganz andere Wirkung hat als am Ende, so muß offenbar in den Knospen eine tiefgreifende Änderung eingetreten sein, die man aber nicht *sehen* kann; es muß sich um *chemische* Änderungen handeln. Dementsprechend kann man auch durch gewisse

Chemikalien, vor allem durch Gifte, die in größeren Konzentrationen schädlich wirken, den inneren Zustand der Knospen beeinflussen und sie dadurch zu früherem Treiben veranlassen; so z. B. durch Blausäure oder Äther. Die künstliche „*Frühtreiberei*" spielt in der modernen Gärtnerei eine große Rolle. Mit ihrer Hilfe kann man z. B. um Weihnachten blühenden Flieder erzielen. Doch hat das Frühtreiben seine Grenzen: wollte man etwa die Blütenknospen des Flieders schon im Oktober zur Blüte zwingen, so würde das nicht gelingen, obwohl das Mikroskop die Anlagen der Blüten in den Knospen auch zu dieser Zeit schon nachweist.

Zur richtigen Zeit angewandt, bringt also eine gewisse Temperatur die Knospen zum Treiben. Licht ist dazu im allgemeinen nicht nötig. Auch in voller Dunkelheit können sich bei der Mehrzahl der Bäume die Knospen entwickeln, doch sehen die Sprosse, die dann aus ihnen hervorgehen, ganz anders aus als am Licht erwachsene. Am auffallendsten ist die Veränderung ihrer Farbe, die Blätter sind gelb, die Achsen weiß. Daneben gibt es auch Veränderungen in der Gestalt: die Blattflächen bleiben klein, die Blattstiele und die Internodien des Stengels strecken sich über das gewöhnliche Maß. So veränderte Pflanzen heißen „etiolierte" Pflanzen (S. 31); an den im Keller gegen das Frühjahr zu austreibenden Kartoffeln kann sich jedermann ein Bild von ihnen machen.

Beim Ahorn und einigen anderen Laubbäumen hat der Lichtentzug noch eine besondere Wirkung auf das Knospentreiben. Es bilden sich, kurz gesagt, Johannistriebe (Abb. 29), die Endknospe bricht also noch einmal auf, und ein zweiter, nicht selten auch ein dritter etiolierter Trieb folgt dem ersten. Offenbar übt der Lichtentzug einen dauernden Wachstumsreiz auf die Knospen aus, und wenn schließlich doch einmal Stillstand in der Entwicklung erfolgt, so dürfte dies durch die Erschöpfung der Reservestoffe bedingt sein. Daß aber nicht alle Bäume so auf Dunkelheit reagieren, hörten wir bereits von der Buche (S. 31), deren Knospen durch Lichtentzug stark gehemmt werden.

So interessant die Erscheinungen des Etiolements auch für den Botaniker sind, in der Natur spielen sie im Leben des Baumes keinerlei Rolle; nur der am Licht entfaltete und in ihm lebende Sproß vermag sich voll auszubilden und voll seine Tätigkeit auszuüben. Ihm wollen wir uns jetzt zuwenden und zuerst das Laubblatt betrachten.

Die äußere Gestalt der Blätter zu schildern, würde viel Raum kosten und wenig Interesse bieten. Es genügt hier zu sagen, daß das Blatt des Ahorns (vgl. Abb. 5 und 34) mit der großen flächenhaften Spreite und dem diese tragenden Stiel als typisches Blatt

Abb. 29. Ein im Dunkeln erwachsener Zweig des Ahorns.
Bei × beginnt der zweite Trieb.

bezeichnet werden kann. Bei den verschiedenen Arten der Bäume können die Blätter kleiner oder größer, geteilt oder ungeteilt, gestielt oder ungestielt sein; ihr Umriß, ihre Randbeschaffenheit wechselt außerordentlich. Das Blatt der Fichte, das man als „Nadel" bezeichnet, ist eine extreme Blattgestalt, die indes keineswegs auf die Nadelhölzer beschränkt ist, sondern z. B. auch bei den heidekrautartigen Pflanzen sich findet. — Ganz unabhängig von diesen äußeren Verhältnissen hat das Blatt überall die gleichen Leistungen zu erfüllen, und diese spiegeln sich in seinem inneren

Bau. Diese Leistungen sind einerseits die Bildung organischer Substanz, die sogenannte *„Assimilation"*, andererseits die *„Transpiration"*, d. h. die Abgabe von Wasserdampf.

Der Same einer Buche wiegt 0,2 g; davon ist etwa 90 % Trockensubstanz, und diese besteht zur Hälfte aus Kohlenstoff. Aus dem Samen mit demnach rund 0,1 g Kohlenstoff geht im Verlaufe von 100 Jahren ein Baum hervor, dessen Gewicht man auf 100 Zentner schätzen kann und der etwa 25 Zentner Kohlenstoff enthält. Diesen ganzen Kohlenstoff hat er aus Kohlensäure gewonnen. Daneben braucht der Baum noch Wasser, aus dem rund die Hälfte seiner Substanz besteht, und ferner eine Anzahl von Mineralsalzen, vor allem Stickstoffverbindungen. Wasser und Mineralsalze entnimmt er dem Boden, die Kohlensäure aber der Luft. In der Luft ist aber nur eine sehr geringe Menge von Kohlensäure enthalten, nämlich 0,5 mg im Liter. Zum Aufbau eines großen Baumes müssen also riesige Luftmassen ihre Kohlensäure hergeben. Die Kohlensäure wird vom Blatt aufgenommen und unter Zutritt von Wasser in Zucker umgebildet, wobei Sauerstoff in Freiheit gesetzt wird. Man kann sagen, das Blatt ist eine Maschine zur Erzeugung von Zucker aus Kohlensäure. So wie unsere gewöhnlichen Maschinen Kohle oder Benzin oder Elektrizität als Energiespender für ihre Arbeitsleistung benötigen, so bedarf das Blatt des Sonnenlichtes. Es ist eine lichtenergetische Maschine. Außerdem benötigt es noch den grünen Farbstoff, das Blattgrün oder Chlorophyll, an das die Lichtwirkung gebunden ist. Licht muß also vor allen Dingen vom Blatt aufgenommen werden können, und dazu ist eine große Fläche nötig und hätte eine große Dicke keinen Sinn, weil schon in den obersten Gewebeschichten das Chlorophyll das Licht weitgehend verschluckt. Ein mir vorliegendes Blatt eines Ahorns hat ein Gewicht von 1,8 g bei einer Fläche von rund 130 qcm. Seine Dicke ist an den dünnsten Stellen nur 0,11 mm. Denkt man sich das Blatt bei gleichem Gewicht als Kugel ausgestaltet, so würde diese eine Oberfläche von bloß 7 qcm aufweisen, während in Wirklichkeit die Blattoberfläche auf Ober- und Unterseite zusammen 260 qcm beträgt, somit 37 mal so groß ist wie die der Kugel. Wir verstehen also die große dünne Fläche der Blattspreite aus ihrer Funktion. Papierdünne Flächen sind aber sehr wenig fest, wenn sie nicht einen Halt an anderen, dickeren und festeren Geweben finden. Wie an einem Regenschirm der dünne Stoff nur durch die festen Stahlrippen eine widerstandsfähige Flächenform gewinnt, so kann die Blattfläche nur durch ihre Rippen gefestigt werden. — Wir werden noch hören, daß das nicht die einzige Leistung der Rippen ist. — Die Chlorophyllkörner aber, die für die Aufnahme und Verarbeitung der Kohlensäure nötig sind, finden sich in keinem anderen Organ der Pflanze in solcher Menge wie im Blatt.

Die dünne grüne Spreite des Blattes hat die beste Lage im Raum, wenn sie etwa senkrecht zu dem mittleren, hellsten Licht steht, denn dann kann sie dieses in besonders hohem Maße aufnehmen. Sie erreicht diese Lage durch den Stiel, der sie von der Oberfläche des Stengels weg in den Raum hinausführt. Wenn wir oben die Blattfläche mit dem Dache des Regenschirmes verglichen haben, so wäre der Stiel dem Stocke des Schirmes gleichzusetzen. Freilich ist der Stiel nur ausnahmsweise, bei den „schildförmigen" Blättern, in der Mitte der Spreite angeheftet, in der Regel dagegen entspringt er ihrem unteren Rande. Durch Krümmungen und Drehungen bringt er die Fläche in die richtige Lichtlage, und diese ist beim freistehenden und allseits beleuchteten Baum die waagerechte Lage. · In dieser aber würden am senkrechten Sproß stehende Blätter die unter ihnen angebrachten Blätter beschatten, wenn nicht die Stiele und Blattflächen der oberen meist sehr viel kleiner ausgestaltet würden als die der unteren. — Erfolgt der Lichteinfall einseitig, etwa am Waldesrand, so kann man sehen, wie die Blätter ganz andere Lagen als die waagerechte einnehmen, indem sie sich auch jetzt senkrecht zum Licht stellen. Nicht alle Bäume haben indes eine feste Lichtlage der Blätter; manche können diese zu verschiedenen Zeiten des Tages je nach der Richtung des Lichteinfalles verschieden orientieren. Das ist z. B. bei der Robinie zu sehen, deren Blätter und Blättchen an der Basis kleine Polster besitzen, die als Gelenke ausgebildet sind und die Lage der Spreite bestimmen. In diesem Falle sieht man nicht immer eine Einstellung *senkrecht zum Licht*, sondern auch — bei hoher Beleuchtungsstärke und hoher Temperatur — eine Einstellung *in die Lichtrichtung*, so daß also ein Blatt unter diesen Umständen dem Licht eine kleinere Fläche darbietet als sonst und damit den Gefahren einer zu starken Beleuchtung ausweicht.

Betrachten wir nun die Tätigkeit des Laubblattes etwas näher, zunächst die *Assimilation* der Kohlensäure. Direkt wahrnehmen kann man diesen Vorgang nicht. Er kann nur durch Gasanalyse festgestellt werden. Diese hat ergeben, daß *Sauerstoff* in gleicher Menge frei wird, wie Kohlensäure verbraucht wird. Da Zucker als Endprodukt in den assimilierenden Zellen auftritt, muß auch Wasser verbraucht werden, und zwar wieder in der gleichen Menge wie die Kohlensäure. Indes auch der auftretende Zucker ist nicht ganz leicht nachzuweisen, wohl aber ein anderes Kohlehydrat, das bald aus ihm hervorgeht und in den arbeitenden Chlorophyllkörnern abgelagert wird, nämlich die Stärke. Stärke nimmt ja mit Jodlösung eine blaue Färbung an. Dementsprechend kann die Assimilationstätigkeit des Blattes durch die „*Jodprobe*“ nachgewiesen werden: Das Blatt wird zunächst durch längeren Aufenthalt im Dunkeln stärkefrei gemacht und dann dem Licht ausgesetzt. Zieht man dann durch Behandlung mit heißem Alkohol das Chlorophyll aus und setzt Jodlösung zu, so färbt sich das ganze Blatt blau oder gar schwarz. Hat man aber durch Auflegen einer Schablone dafür gesorgt, daß nur ein Teil des Blattes beleuchtet wurde, so sieht man nur in diesem die Jodreaktion eintreten, womit ohne weiteres die Notwendigkeit des Sonnenlichtes für den Assimilationsprozeß erwiesen ist. Unter günstigen Beleuchtungs- und Temperaturverhältnissen bildet das Laubblatt pro Stunde und Quadratmeter etwa ein halbes Gramm Stärke. Demnach müßte der Quadratmeter im Tage etwa 6 g Stärke erzeugen. In Wirklichkeit entsteht im Durchschnitt wohl immer weniger, weil weder alle Blätter gleichmäßig die beste Beleuchtung erhalten, noch den ganzen Sommer über immer die günstigste Temperatur herrscht. Schätzungen für den Buchenwald haben ergeben, daß dieser etwa 30 000 qm Blattfläche pro Hektar bilden kann und mit diesen 9000 kg Stärke in 150 Tagen erzeugt. Die jährliche Leistung für einen Quadratmeter wäre demnach 300 g oder 2 g im Tag. Auf alle Fälle ergibt sich eine riesige Stoffbildung im Wald. Diese in den Blättern aus Kohlensäure aufgebaute Stärke fließt dann nach Rückverwandlung in Zucker in alle Teile der Pflanze, den Stamm, die Wurzel, die Blüten und Früchte. Sie wird teils zum Aufbau neuer Pflanzensubstanz in den Knospen verwendet, teils auch wird sie als „Reservestoff“ abgelagert, um später erst zum Aufbau benützt zu werden. Ein nicht unbeträchtlicher Teil fällt freilich auch einem Abbau anheim und wird wieder in Kohlensäure und Wasser verwandelt. Dieser Abbau ist als *Atmung* bekannt und ist nicht etwa auf das Laubblatt beschränkt, sondern findet sich in *allen lebenden Zellen* des Baumes, überhaupt in den lebenden Zellen der meisten Pflanzen und Tiere. Gerade wegen der allgemeinen Verbreitung dieses Vorganges hätte es keinen Sinn, hier bei Besprechung des Blattes mehr von ihm zu sagen. Erwähnt sei nur, daß seine Bedeutung in dem Freimachen von chemisch gebundener Energie liegt, deren die Organismen zur Aufrechterhaltung ihres Lebensgetriebes bedürfen. — Aber nicht nur der Pflanze, sondern auch den Tieren kommt der im grünen Blatt gebildete Zucker zugute, denn diese sind ja nicht imstande, selbst aus Kohlensäure Zucker zu bilden. Die Tiere wie auch der Mensch sind für ihre Ernährung unmittelbar oder mittelbar auf die von der grünen Pflanze vorgebildeten Kohlehydrate angewiesen. Somit kann man sich die Pflanze nicht von unserem Planeten wegdenken, ohne daß gleichzeitig auch die Tierwelt verschwinden müßte.

Zum vollen Verständnis der Tätigkeit des Laubblattes gehört auch die Kenntnis seines inneren, feineren Baues, den das Mikroskop enthüllt. Wir können dabei von der Struktur der Rippen zunächst ganz absehen und nur das grüne Blattgewebe (*„Mesophyll“*) betrachten, das man am besten an einem Querschnitt studieren kann. Ein solcher zeigt (Abb. 30a) oben und unten eine geschlossene einschichtige Lage von Zellen, die farblos erscheinen, weil sie kein Blattgrün (Chlorophyll) besitzen: die Epidermis. Unter der Epidermis der Blattoberseite liegen dann lange, schmale, dicht aneinandergelagerte, lebende Zellen, die man als „Parenchym“zellen bezeichnet. Im einzelnen wird das Parenchym der Oberseite, weil seine Zellen wie die Pfähle einer Palisadenmauer nebeneinander stehen, als „*Palisadenparenchym*“ bezeichnet. Von ihm unterscheidet sich das darunterliegende Gewebe, das „*Schwammparenchym*“, durch die unregelmäßige Gestalt seiner Zellen und dementsprechend reichliche Luftlücken (Interzellularen) zwischen ihnen. Alle diese Parenchymzellen führen sehr reichlich *Chlorophyllkörner*, die Träger des Blattgrüns.

Die bisher betrachteten Zellen des Blattgewebes haben Zellwände aus gewöhnlicher Zellulose, die für die meisten Stoffe, so

48

insbesondere für die Kohlensäure, leicht durchdringbar sind; eine Ausnahme machen nur die Außenwände der beiden Epidermislagen; sie besitzen eine korkartige Außenschicht („Kutikula"), die für Wasser und die meisten Stoffe wenig durchlässig ist. Auch Kohlensäure kann nicht leicht durch sie hindurch, jedenfalls unter den natürlichen Verhältnissen nicht in der Menge, wie es die

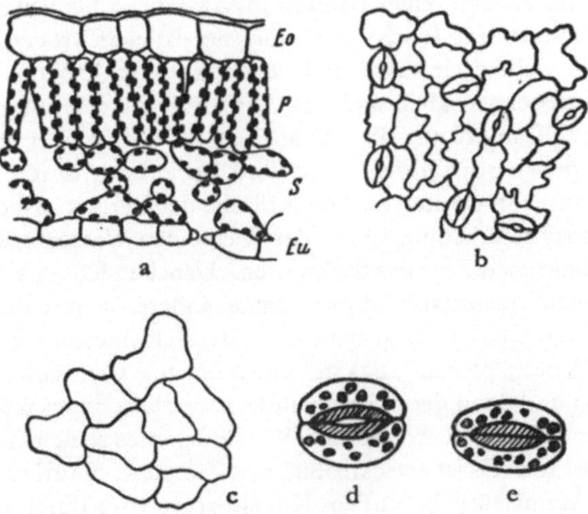

Abb. 30 a) Querschnitt durch das Chlorophyllgewebe des Blattes des Ahorns. *Eo* obere Epidermis, *P* Palisaden, *S* Schwammparenchym, *Eu* untere Epidermis; b) Epidermis des Blattes in Flächenansicht, Unterseite; c) Oberseite. a—c Vergr. 300. d, e Spaltöffnungen, geöffnet und geschlossen. Schematisch.

Assimilation erfordert. Das Eindringen der Kohlensäure erfolgt denn auch auf ganz anderem Wege, nämlich durch die „*Spaltöffnungen*" (Abb. 30b). Es sind das besondere, bei den Bäumen meist nur auf der Blattunterseite in die Epidermis eingefügte Apparate. Sie bestehen aus zwei gekrümmten Zellen, die ihre Konkavseite gegeneinanderkehren, so daß zwischen ihnen eine kleine Öffnung freibleibt. Diese führt in die Luftlücken zwischen den Schwammparenchym- und Palisadenparenchymzellen. Wenn auch diese Poren sehr klein sind, so sind sie doch in recht großer Zahl ausgebildet; nicht selten entfallen auf den Quadratmillimeter einige hundert. So kommt es, daß die Kohlensäure der Luft einen ganz freien Eintritt ins Blattinnere hat und Zutritt zu allen seinen chlorophyllhaltigen Zellen findet. Es ist denn auch nicht schwierig nachzuweisen, daß nur die Blattunterseite, nicht aber die spaltenfreie Oberseite der Kohlensäureaufnahme dient.

Wir wenden uns jetzt zu der zweiten Leistung des Laubblattes, der Wasserdampfabgabe oder *Transpiration*. Stellt man abgeschnittene Zweige eines Baumes in Wasser, so bleiben sie lange Zeit unverändert frisch; legt man sie dagegen trocken an die Luft, so welken sie rasch und vertrocknen schließlich. Welken und Vertrocknen aber sind der Ausdruck für eine Abgabe von Wasser in Dampfform, die sich auch an dem im Wasser stehenden Zweig genau so vollzieht; nur wird bei diesem durch ständige Wasseraufnahme durch die Schnittfläche der Verlust ausgeglichen. Am einfachsten kann man mit der Waage den Wasserverlust eines abgeschnittenen Zweiges nachweisen. Daneben läßt er sich, wenn auch nicht quantitativ, durch einige andere, sehr anschauliche Versuche erweisen. Legt man z. B. der Blattunterseite ein Stückchen Filtrierpapier auf, das mit einer Lösung von Kobaltchlorür getränkt und dann getrocknet wurde, so verliert dieses rasch unter dem Einfluß des ausströmenden Wasserdampfes seine blaue Farbe und wird rot. Es ist zweckmäßig, den Zutritt der Luft, die ja auch Wasserdampf enthält, zu dem Kobaltpapier etwa durch eine darübergelegte Glasplatte zu verhindern. Macht man denselben Versuch mit der Blattoberseite, so bleibt hier die Rötung aus, und daraus wird man schließen, daß der Wasserdampf aus den Spaltöffnungen kommt; ein Schluß, der vielfach bestätigt werden konnte. Macht man den Kobaltpapierversuch an einem an der Luft liegenden Zweige, so sieht man, daß mit dem Eintritt des Welkens die Verfärbung des Papiers aufhört. Das hängt nicht etwa damit zusammen, daß das Blatt so rasch seinen ganzen Wassergehalt verloren hätte. Zieht man ihm die Epidermis ab, so kann es wieder reichlich Wasser abgeben. In der Epidermis muß sich also während des Welkens etwas verändert haben. Die Veränderung ist in den Spaltöffnungen eingetreten, die sich, kurz gesagt, „geschlossen" haben, d. h. die ihre Gestalt so geändert haben, daß durch den Porus kaum noch Gase und Dämpfe dringen können (Abb. 30d, e). Durch diese Befähigung zum „Spaltenschluß", von der bei der Assimilation nicht gesprochen wurde, weil sie dort keine Bedeutung hat, sind die Spaltöffnungen nicht nur Organe, die eine Transpiration erlauben, sondern auch sie hemmen können. Sie sind also die Regler dieses Vorganges.

Wie alle lebenden Pflanzenzellen entwickeln die Schließzellen einen „*osmotischen*" Druck. Er spielt bei vielen Lebensprozessen eine wichtige Rolle und muß deshalb gleich hier erklärt werden, — am besten, indem wir uns ein *Modell* der Zelle herstellen. Wir füllen eine Schweinsblase mit einer Lösung von Zucker, binden sie zu und bringen sie in Wasser. Es beginnt ein Stoffaustausch zwischen dem Inhalt der Blase und ihrer Umgebung. Wasser dringt nach innen, Zucker nach außen. Das *Ende* ist gleiche Konzentration innen und außen. *Zunächst* aber erfolgt dieser Stoffaustausch etwas einseitig, und gerade dieser einseitige Austausch wird als „*Osmose*" bezeichnet. Die Blasenwand ist nämlich für den Zucker viel weniger durchlässig als für das Wasser, und somit dringt dieses rascher ein, als der Zucker heraus kann. Der Rauminhalt der Blase nimmt zu, ihre Wand wird gespannt. Sticht man sie in diesem Zustand an, so schnurrt sie zusammen und stößt ihren Inhalt aus. — Die pflanzliche Zelle besteht nun aus drei Teilen: 1. der Zellwand, die wie die Blasenwand elastisch dehnbar ist, aber durchlässig für gewisse gelöste Stoffe; 2. aus dem „Protoplasma", der lebenden Substanz, die in Gestalt eines geschlossenen Schlauches von innen her der Membran anliegt und viel weniger durchlässig für Lösungen ist als die Wand der Schweinsblase. Die Leistung der Blasenwand ist also in der Zelle diesen *beiden Teilen* übertragen. 3. Endlich findet sich im Inneren der Zelle der „Zellsaft", der ganz die Rolle der Zuckerlösung in der Blase spielt. Legt man also eine lebende Zelle in Wasser, so muß auch sie einen „osmotischen Druck" entwickeln und anschwellen. — In den Spaltöffnungen nun sind die Zellwände auf der Konvexseite dünner und deshalb leichter dehnbar als auf der Konkavseite. Somit muß ihre von Natur schon bestehende Krümmung durch den osmotischen Druck noch gesteigert werden; die Spalte muß sich öffnen, wenn der Druck steigt, und sie schließt sich, wenn er sich vermindert. Als wichtig ist noch zu erwähnen, daß die Schließzellen im Gegensatz zu den übrigen Epidermiszellen Chlorophyll enthalten. Mit Hilfe von diesem können sie Zucker, d.h. osmotisch wirksame Substanz, erzeugen, die sie ja für ihr Spiel brauchen.

Die Transpirationsgröße hängt sehr stark von äußeren Einflüssen ab, zunächst einmal rein physikalisch, d. h. aus Gründen, die auch bei toten wasserhaltigen Substanzen, z. B. feuchtem Filtrierpapier, gegeben sind. Hier wird die Wasserabgabe um so größer sein, je weiter die Luft von voller Dampfsättigung entfernt ist. Daneben kommen aber auch physiologische Zustände der Pflanze in Betracht. Zu diesen gehört vor allem die Öffnungsweite der Spaltöffnungen. Sind sie weit offen, so arbeiten sie auf eine Steigerung der Transpiration hin, sind sie geschlossen, so hemmen sie die Wasserabgabe völlig. Da nun Beleuchtung in der Regel eine Öffnung der Spalten bewirkt, so muß sie auch die Transpiration steigern.

Unter ganz gleichen äußeren Umständen werden verschiedene Pflanzen ganz verschieden stark transpirieren, weil ihre Spaltöffnungen verschieden weit geöffnet sind, oder weil die Außenwände ihrer Epidermis nicht gleich dicke Korkschichten aufweisen usw. Die Transpirationsgröße genau zu messen ist aber nicht immer leicht.

Zu Versuchszwecken wird man am besten das Gewicht von jungen, in Blumentöpfen wurzelnden Bäumchen bestimmen, wobei darauf zu achten ist, daß weder der Blumentopf noch die Erdoberfläche Wasser abgeben können; dann kann man den ganzen beobachteten Gewichtsverlust als verlorenes Wasser betrachten, denn andere Stoffwechselprozesse, die auf einen Gewichtsverlust hinarbeiten können, sind gegenüber der Transpiration so unbedeutend, daß sie vernachlässigt werden können. Allein wenn auch so die Bestimmung der in der Zeiteinheit abgegebenen Wassermenge keine Schwierigkeiten bereitet, so ist doch die Frage, wie man die Transpiration zweier verschiedener Baumarten *vergleichen* soll, nicht einfach. Man kann den Wasserverlust auf das Frischgewicht oder auf das Trockengewicht der ganzen Pflanze oder der Blätter beziehen. Man kann auch die Oberfläche der Pflanze oder der Blätter als Bezugsgröße wählen. Selbstverständlich erhält man je nach dieser Wahl ganz verschiedene Werte. Die folgende Tabelle nimmt das Blattfrischgewicht als Bezugsgröße und gibt die Anzahl Kilogramm Wasser an, die 100 g Blätter in einem Sommer abgeben:

Esche	85,6	Eiche	54,5
Birke	81,4	Fichte	13,5
Buche	74,8	Kiefer	9,4
Bergahorn	58,8	Tanne	7,1

Wenn demnach auch die Unterschiede bei den verschiedenen Bäumen sehr beträchtlich sind, so werden die Verhältnisse aber doch ganz anders, wenn die Wasserabgabe der gesamten Pflanzenmasse auf einer bestimmten Bestandesfläche ermittelt wird. Folgt man den hierüber vorliegenden, allerdings noch unsicheren Angaben, so transpiriert ein Fichtenbestand im Jahr kaum weniger als ein gleichgroßer Buchenbestand. Als Maximalwerte der Wasserabgabe eines einzelnen 60jährigen Baumes an einem heißen Julitag werden angeführt: Lärche 90, Buche 84, Fichte 68, Kiefer 50 Liter.

Pflanzen auf günstigem Boden werden in normalen Jahren immer genügend Wasser aufnehmen können, um ihre Transpiration zu decken. Auf trockenem Boden freilich ist das anders. Ein Boden, der die schwach transpirierende Kiefer gerade noch mit Wasser versorgen kann, wird für die Buche nicht ausreichen. Man hat viel von Schutzmitteln gegen zu hohe Transpiration gesprochen und hat mancherlei Eigentümlichkeiten des Blattbaus in diesem Sinne gedeutet. Heute ist man vielfach zu Zweifeln geneigt und muß sagen, der wichtigste Transpirationsschutz im Sommer liegt in der guten Arbeit der Spaltöffnungen. Können diese nicht genügend fest verschlossen werden, so werden die anderen Mittel nicht ausreichen, in Zeiten wirklicher Wassernot die Pflanze zu retten. — Von besonderer Wichtigkeit ist der Transpirationsschutz im *Winter*. Denn da kann der Boden gefroren sein und einen Wassernachschub völlig unmöglich machen. Der gründlichste Schutz ist da das Abwerfen der transpirierenden Organe, der Blätter. In der Tat haben wir ja auch schon den herbstlichen Laubfall in diesem Sinne gedeutet (S. 3). Die Knospen, Zweige und Äste geben, das wird noch zu zeigen sein, nur ganz wenig Wasser ab (S. 59 und 79). Nur solche Pflanzen können also bei uns ihre Blätter im Winter behalten, die entweder immer schwach transpirieren oder die im Winter die Spalten besonders gut verschließen; zu den ersteren gehört die Kiefer, zu den letzteren die Fichte.

Die andauernde Abgabe dampfförmigen Wassers aus den Blättern mag auf den ersten Blick als höchst überflüssig erscheinen. Doch zeigt sich, daß sie ein durchaus nützlicher Vorgang ist. Sie setzt eben den dauernden Strom in Gang, der von der Wurzel aus bis in die Krone den Baum durchzieht und der seinerseits nicht nur aus Wasser besteht, sondern in ihm gelöst Nährstoffe des Bodens führt, die ohne den Transpirationsstrom viel zu langsam in die Höhe rücken würden. Aber auch die Wasserdampfabgabe als solche ist nützlich, denn das verdunstende Wasser reguliert die Temperatur der Blätter, die sich sonst in der prallen Sonne viel zu hoch erwärmen würden.

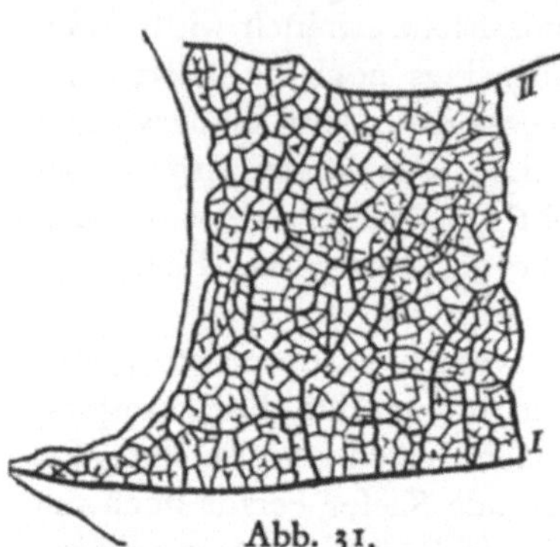

Abb. 31.
Blattnervatur des Ahorns. Zwei Seitenrippen erster Ordnung I und II mit dem, was zwischen ihnen liegt. Schwach vergr.

Die Blattfläche besteht nicht nur aus dem Chlorophyllgewebe; dazwischen finden sich auch die *Rippen*. In der Anordnung der Rippen herrscht wieder eine ungeheure Mannigfaltigkeit. Wir beschränken uns auf ein einziges Beispiel, den Ahorn (Abb. 34). Vom Ansatzpunkt des Stieles laufen fünf annähernd gleich starke Rippen nach den fünf Zipfeln der Blattspreite. Sie sind erheblich dicker als das Chlorophyllgewebe und treten vor allem auf der Blattunterseite weit über dieses hervor. Ihnen sitzen im spitzen Winkel und in ungefähr gleichen Abständen rechts und links die Seitenrippen ersten Grades an, die nach dem Rand des Blattes zu verlaufen. Auch sie sind noch dicker als die eigentliche Blattfläche; von den weiteren Rippen zweiten usw. Grades gilt das aber nicht mehr. Sie sieht man deshalb am besten in der *Durchsicht* des Blattes, besonders wenn man durch passende Mittel die Zellinhalte so weit zerstört hat, daß das ganze Blatt durchscheinend wird. Dann ergibt sich ein Bild wie Abb. 31, die Rippen bilden also vieleckige Maschen, in die mehrfach immer wieder kleinere Vielecke eingeschrieben sind. Die letzten Enden der Rippen sieht man dann ohne Verbindung untereinander frei in den kleinsten Polygonen. Bei allen Unterschieden, die in der Berippung verschiedener Baumblätter bestehen, bleibt als allgemeine Erscheinung dieses Netz, das die ganze Blattfläche durchzieht.

Der mikroskopische Bau der Rippen (Abb. 32), zunächst einmal der stärkeren, ist nicht einfach. Vor allem findet sich in ihnen stets ein Gewebe, das als „*Leitbündel*" bezeichnet wird, weil es in

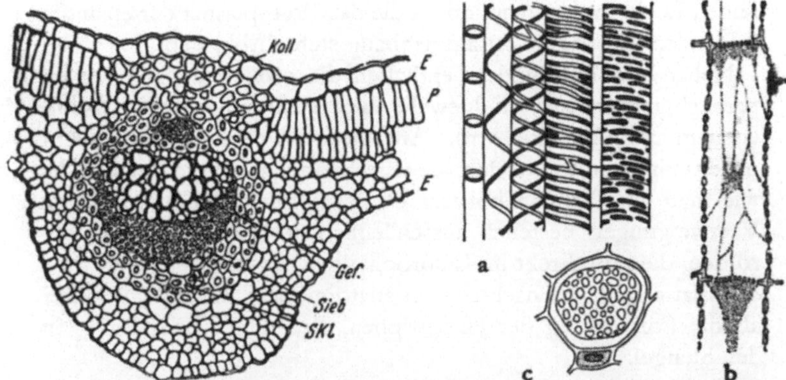

Abb. 32. Querschnitt durch eine Seitenrippe erster Ordnung des Ahornblattes. *E* Epidermis, *Gef* Gefäßteil, *Koll* Kollenchym, *Skl* Sklerenchym, *Pal* Palisaden. Vergr. 130.

Abb. 33. Elemente eines Leitbündels. a) verschied. Gefäße; b) Siebröhren im Längsschnitt; c) Siebröhre im Querschnitt.

der Tat, wie später zu zeigen sein wird, Stoffe leitet. Jedes Leitbündel besteht aus zwei Teilen, dem nach oben gelegenen Gefäßteil, der Wasser leitet, und dem nach unten zu gelagerten Siebteil, der organische Stoffe zu befördern hat.

Der Gefäßteil ist durch Gefäße, der Siebteil durch Siebröhren charakterisiert, wenn auch diese Elemente nicht allein das Leitbündel aufbauen, vielmehr auch von Parenchym und derbwandigen Fasern (Sklerenchym) begleitet sind. Die Gefäße zeigen besonders im Längsschnitt (Abb. 33a) ihre charakteristische Eigentümlichkeit. Sie bestehen aus kürzeren oder längeren Röhren, die keinen lebenden Inhalt, sondern lediglich Wasser (u. U. auch Luft) führen. Ihre Wand ist mit eigenartigen *Verdickungen* versehen, die *ringförmig, schraubenförmig* oder *netzartig* sein können;

die dazwischenliegenden unverdickten Partien heißen *Tüpfel* (vgl. S. 72). In chemischer Hinsicht weicht die Wand der Gefäße dadurch von den gewöhnlichen Parenchymzellen ab, daß zwischen ihre Zellulosemoleküle der Holzstoff, Lignin, eingelagert ist. Die Siebröhren sind ebenfalls langgestreckte Elemente, doch führen sie lebenden Inhalt, unverholzte Wände, und die Querwände, die die einzelnen Glieder eines Siebröhrenzuges trennen, sind mit feinen Löchern versehen, durch die das Protoplasma der einander folgenden Glieder in Zusammenhang steht (Abb. 33 b, c).

Neben den Leitbündeln enthalten die größeren Rippen noch parenchymatische Grundgewebe und Festigungsgewebe (Kollenchym und Sklerenchym). Auf diese Gewebe soll hier nicht näher eingegangen werden, sie verschwinden auch in dem Maße, wie man sich Rippen höherer Ordnung zuwendet. Die letzten Verzweigungen bestehen ausschließlich aus Gefäßen und Siebröhren, die nun direkt im Chlorophyllgewebe liegen. — Der Stiel des Blattes aber ist nach seinem anatomischen Bau nichts weiter als die Fortsetzung der Hauptrippen, also deren Überleitung in den Stengel.

Nach unserer bisherigen Schilderung könnte man glauben, die Gestalt und die Struktur des Blattes sei bei einer bestimmten Art etwas ganz Starres und Unabänderliches. In Wirklichkeit dagegen sehen wir, daß äußere Einflüsse das Blatt bei seiner Entwicklung weitgehend umzugestalten vermögen. Von einer solchen Beeinflussung haben wir freilich schon gehört. Der Lichtentzug verändert die ganzen Triebe, vor allem auch die Blätter tiefgreifend: sie „etiolieren" (S. 31). Aber nicht nur der völlige Lichtentzug, schon jede Schwankung in der Beleuchtungsstärke prägt sich bei manchen Bäumen in Gestalt und Bau der Blätter aus. Besonders bei der Buche ist der Unterschied zwischen den oben in der Krone entstandenen Sonnenblättern gegenüber den Schattenblättern der unteren Äste erstaunlich groß. Das Lichtblatt hat eine kleine Fläche und ist verhältnismäßig dick, das Schattenblatt ist dünn und großflächig. Das Mikroskop zeigt im Schattenblatt nur eine einzige Schicht schwach entwickelter Palisaden, während das Lichtblatt mehrere Schichten langgestreckter Palisaden führt. Auch das Schwammparenchym und die Rippen sind verschieden. Wie Licht und Schatten, so wirken sich auch Feuchtigkeit und Trockenheit

im Aussehen der Blätter aus. Wenn wir auf diese Dinge nicht
näher eingehen, so geschieht das darum, weil es noch andere, viel
tiefergreifende Veränderungen der Blattorgane gibt, die freilich
nicht so direkt auf äußere Ursachen, vielmehr auf innere Beein-
flussungen zurückgeführt werden müssen. Wir sprechen von den
Knospenschuppen, die wir ja schon mehrfach kennengelernt haben,
ohne aber hervorzuheben, daß sie
nichts anderes sind als umgewandelte
Laubblätter. Wir haben in der Winterknospe des Ahorns Blattanlagen gefunden, die deutlich die zukünftige,
so bezeichnende Blattspreite erkennen
lassen; diese sitzt aber nicht etwa auf
dem „Stiel" auf, sondern auf einem
kurzen Glied, das wir an jener Stelle
nicht weiter beachtet haben, weil es
im erwachsenen Blatt nicht hervortritt.
Es wird als „Blattgrund" bezeichnet,
und zwischen ihm und Blattfläche
schiebt sich erst bei der Entfaltung
des Blattes der Stiel durch Streckung
ein. Wir hörten weiter, daß in der
Knospe eine Anzahl von Laubblattanlagen gegeben ist und daß alsdann
wieder Knospenschuppen folgen.
Untersucht man aber diese in früher
Jugend, so zeigt sich, daß sie sich
nicht wesentlich von den Anlagen
der Laubblätter unterscheiden, denn
auch sie bestehen aus Blattfläche und

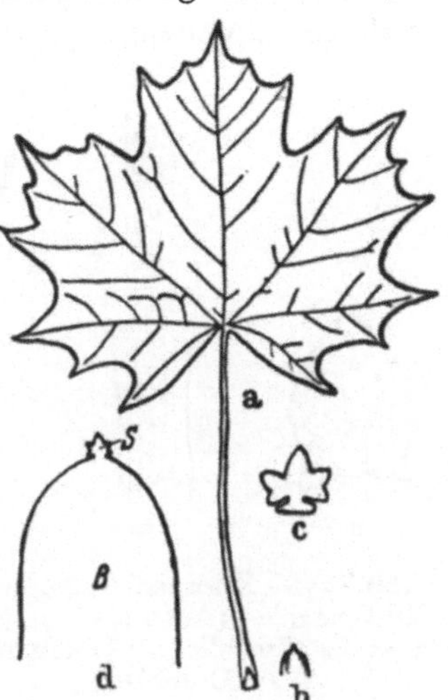

Abb. 34. Laubblatt (a) und
Knospenschuppe (b) des
Ahorns; c) junge Anlage, aus
der Laubblatt oder Knos-
penschuppe hervorgehen
kann. d) Ausbildung der
Schuppe mit vergrößertem
Blattgrund *B* und klein
bleibender Spreite *S*.

Blattgrund (Abb. 34 c). Bei ihrer Weiterentwicklung erst entfernen
sie sich mehr und mehr vom Laubblatt, indem die Spreitenanlage
in der Entwicklung stille steht, der Blattgrund aber mächtig sich
vergrößert und der Stiel sich nicht ausbildet (Abb. 34 d). Aus dem
Blattgrund also hat sich die Schuppe entwickelt, die wir in der
Winterknospe finden, und bei genauer Untersuchung können wir
die kleine Blattspreite an ihrer Spitze als ganz verkümmertes Organ
wohl noch erkennen. — Nicht alle Knospenschuppen entstehen

auf die gleiche Weise. Bei der Buche entwickeln die Laubblätter aus dem Blattgrund zwei schmale häutige Anhängsel, die als „Nebenblätter" bezeichnet werden und hier schon bei der Entfaltung des Blattes abfallen. Soll aber aus einer Blattanlage eine Knospenschuppe werden, so entwickeln sich diese Nebenblätter des Blattgrundes *allein*, während die in ihrer Mitte stehende Spreitenanlage verkümmert. Bei der Fichte endlich, deren Nadel ja keinen eigentlichen Stiel ausbildet, wird die ganze Blattanlage durch Breitenwachstum zur Schuppe. Zeigt somit schon die Verfolgung der Entwicklungsgeschichte die Natur der Knospenschuppen deutlich, so wird weiter ihr Zusammenhang mit dem Laubblatt auch durch mancherlei Übergänge zwischen beiden klar. Beim Ahorn und bei manchen Roßkastanien (Abb. 35) treten solche sehr häufig auf, indem den

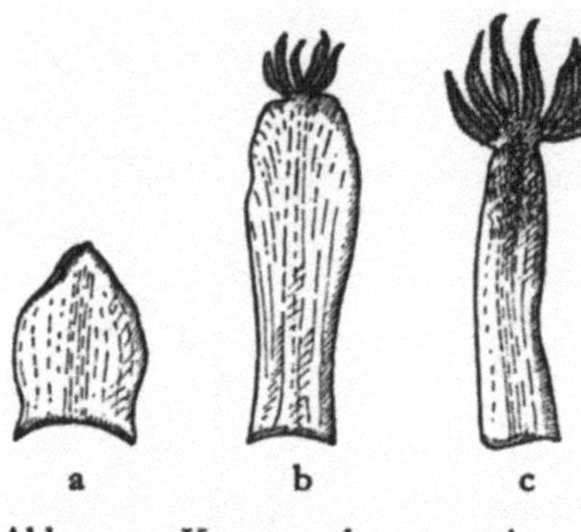

Abb. 35. Knospenschuppen einer Roßkastanie (Aesculus parviflora), a—c in allmählichem Übergang zum Laubblatt.

typischen Laubblättern solche mit stark entwickeltem Blattgrunde und gestauchtem Stiel vorausgehen können. Endlich aber, und das ist entscheidend, kann man auch durch künstliche Eingriffe Blattanlagen, die im Begriff standen, sich zu Knospenschuppen auszubilden, zur Bildung von Laubblättern zwingen. Es geschieht das durch Entblätterung und Entgipfelung von Zweigen am Anfang des Sommers, eben der Zeit der Bildung der Schuppen. Es treiben dann Knospen aus, die sonst erst im nächsten Jahr zur Entfaltung gekommen wären, und dabei treten zunächst Übergänge von Knospenschuppen zu Laubblättern und dann typische Laubblätter auf. Es bestehen also, wie wir sagen können, Korrelationen zwischen Laubblatt und Schuppe, die durch die Entfernung der Blätter aufgehoben werden. Umgekehrt wirkt offenbar bei der Kiefer die Ausbildung der Blätter des Langtriebes als Schuppen auf die Entfaltung der Seitenknospen (Kurztriebe) hin. — In ihrem inneren Bau erinnern die Knospenschuppen in keiner Weise an Laubblätter. Das Leitgewebe ist bei ihnen nur in ganz rückgebildeten Bündeln vertreten und besitzt durchaus nicht die riesige Ausdehnung wie im Laubblatt; die Oberhaut entbehrt der Spaltöffnungen und ist oft wie auch das Grundgewebe mit starken Wandverdickungen ausgerüstet; im letzteren fehlt das Chlorophyll gänzlich. Harte, trockene, zum größten Teil schon abgestorbene Hüllen sind es, die den zarten Innenteil der Knospe umgeben und vor Wasserverlusten schützen. In dieser Aufgabe werden übrigens die Knospenschuppen durch lufthaltige Haare unterstützt, die an den jungen Blättern entstanden sind und allen verfügbaren Raum zwischen diesen und den Schuppen wie mit Watte ausfüllen (z. B. bei der Roßkastanie) und außerdem durch Harze und Lacke, die auf der Außenseite der Schuppen einen wasserdichten Überzug bilden.

Die Blätter sind immer Organe von begrenztem Wachstum und auch begrenzter Lebensdauer. Bei den Immergrünen dauern sie zwar mehrere Jahre aus (6 Jahre bei der Fichte), aber ein nennenswertes Wachstum zeigen sie doch nur im ersten Jahr. Und am Ende ihres Lebens steht der „Blattfall". Dieser aber ist nicht etwa ein Abtrocknen, ein Sterben am Ort der Entstehung, sondern eine Abgliederung und Loslösung vom Stengel, wobei Lebensprozesse beteiligt sind. Es bildet sich nämlich meist ganz unten an der Ansatzstelle an den Stengel eine „Trennungsschicht" aus. Parenchymatische Zellen machen gewöhnlich einige Teilungen durch und runden sich dann gegeneinander ab, indem eine mittlere Lamelle ihrer gemeinsamen Zellhaut aufgelöst wird. Zerrissen werden nur die Gefäßbündel und die Epidermiszellen; in der eigentlichen Trennungsschicht sind die auseinanderweichenden Zellen unverletzt. Auch das Blatt lebt gewöhnlich noch wenn es fällt, doch haben im Innern auftretende chemische Änderungen, die sich durch Vergilben oder durch Rötung bekunden, und außerdem das Auswandern wichtiger Stoffe den Abfall vorbereitet. Vielfach helfen zum Schluß nach Ausbildung der Trennungsschicht Wind und Frost nach und beschleunigen den Fall. Die Narbe, die sich durch die Ablösung bildet, wird meist wie andere Wunden durch Korkbildung geschlossen.

Der aus der Knospe hervorgegangene Sproß besteht nicht nur
aus Blättern, die uns bisher allein beschäftigt haben, sondern er
hat auch eine Achse, einen Stengel, dessen Seitenorgane erst die
Blätter sind. Wir müssen nun auch dieser Achse etwas näher-
treten. Sie unterscheidet sich vom Blatt einmal durch ihr grundsätzlich unbegrenztes Längenwachstum, indem sie Jahr für Jahr einen
neuen Endtrieb erzeugt und zudem gewöhnlich auch Seitenzweige
entstehen läßt; andererseits hat sie eine andere Symmetrie. Das
Blatt ist „dorsiventral", d. h. es hat wie der menschliche Körper
eine Rücken- und eine Bauchseite, die verschieden sind. Es besitzt nur eine Symmetrieebene, die die rechte von der spiegelbildlich ähnlichen linken Hälfte scheidet.
Die Achse dagegen kann durch drei oder
mehr Ebenen in je zwei spiegelbildlich gleiche Hälften getrennt werden. Besonders am
Querschnitt tritt diese Symmetrie, die radiäre
Symmetrie, im anatomischen Bau sehr deutlich zutage. Wir finden in der Mitte das Mark,
bestehend aus Parenchymzellen, die nicht selten frühzeitig sterben
und sich mit Luft erfüllen. Um dieses Mark stehen dann in gewissen einfachen Fällen von Holzgewächsen, z. B. bei der Waldrebe
(Abb. 36), ebenso wie bei manchen Kräutern, eine Anzahl von
Leitbündeln in einem Kreis angeordnet. Sie haben den gleichen
Bau wie in den Rippen und im Stiel, nur sind sie größer. Außen
folgt auf sie wieder ein parenchymatisches Gewebe, die Rinde, die
mit einer Epidermis nach außen abschließt. Zwischen den Leitbündeln, sie voneinander trennend, ist noch ein Parenchym zu nennen,
das Mark mit Rinde verbindet und deshalb „Markstrahlen" heißt.

Abb. 36. Querschnitt
durch einen Stengel
von Clematis. Vergr.

Über die äußerliche Ausbildung der Achsen haben wir das
Wichtige schon früher gehört: über die Länge der Glieder, über
Kurz- und Langtriebe. Auch wissen wir, daß sie geotropisch sind,
daß die Haupttriebe sich in das Lot einstellen, die Seitentriebe
waagerecht oder schräg gerichtet sind.

IV. Dickenwachstum

Jeder Stamm und jeder Ast, er mag im Alter noch so dick erscheinen, war im ersten Jahr seines Lebens ein dünner, mit Blättern
besetzter Stengel. Er entledigt sich, meist am Ende des ersten

Sommers, seiner Blätter und fängt an, in die Dicke zu wachsen, so
daß er schließlich einen sehr großen Umfang aufweist. Man kennt
Weißtannen mit 7 m, Eichen mit 15 m und Linden mit 17 m
Stammumfang. Während dieses Dickenwachstum durch Jahrzehnte, ja durch Jahrhunderte hindurch fortgehen kann, ist das
Längenwachstum jedes Triebes schon im ersten Jahr abgeschlossen,
und wenn der *ganze Baum* mit Längenwachstum fortfährt, so geschieht das nur durch Entfaltung hochstehender Knospen. Somit
ist das Dickenwachstum die wichtigste Eigenschaft älterer Sproß-
achsen. Es gibt freilich einige einkeimblättrige Gewächse, die
man Bäume nennen kann und die doch kein Dickenwachstum aufweisen; bei allen zweikeimblättrigen und bei den Nadelhölzern, also
bei allen unseren *einheimischen* Bäumen, fehlt aber das Dickenwachstum nie.

Betrachtet man den Querschnitt eines Zweiges unserer Laubbäume (Abb. 37), so findet man nicht wie bei der S. 60 wegen ihrer
besonders einfachen Verhältnisse als Beispiel gewählten Waldrebe
distinkte Leitbündel in geringer Zahl, die von breiten Markstrahlen
getrennt werden, sondern zwischen Mark und Rinde hat sich ein
geschlossenes Rohr entwickelt, das in seinem inneren Teil vor
allem Gefäße, in seinem äußeren Siebröhren führt; an der Grenze
dieser zwei Gewebe, die als Holz und Bast bezeichnet werden,
erkennt man eine Schicht dicht mit Protoplasma gefüllter junger
Zellen, die den Namen „*Kambium*“ führen. Sie sind unbegrenzt
wachstums- und teilungsfähig. Sie wachsen in der Richtung des Ra-
dius und teilen sich senkrecht dazu. Ihre an das Holz angrenzenden
Teilungsprodukte werden ebenfalls zu Holz, während die an den
Bast angrenzenden zu Bast werden; zwischen beiden bleibt immer
teilungsfähiges Kambium erhalten. Diese neuen, aus dem Kambium
entstandenen Holz- und Bastmassen werden als „sekundäres“ Holz
und „sekundärer“ Bast bezeichnet, im Gegensatz zu den ursprünglich gegebenen, „primären“ Geweben. Eine scharfe Grenze zwischen den primären und sekundären Geweben existiert aber nicht.
Durch die Einschiebung der sekundären Gewebe kommt das
sekundäre Dickenwachstum zustande, das durch Jahrzehnte, ja durch
Jahrhunderte fortgeführt werden kann. In dem Maße wie das
Dickenwachstum fortschreitet, besteht mehr und mehr die Haupt-
masse des ganzen Stammes aus sekundärem Holz und sekundärem

Bast; die primären, ganz innen bzw. ganz außen gelegenen An-
teile treten im Verhältnis zu ihnen völlig in den Hintergrund.

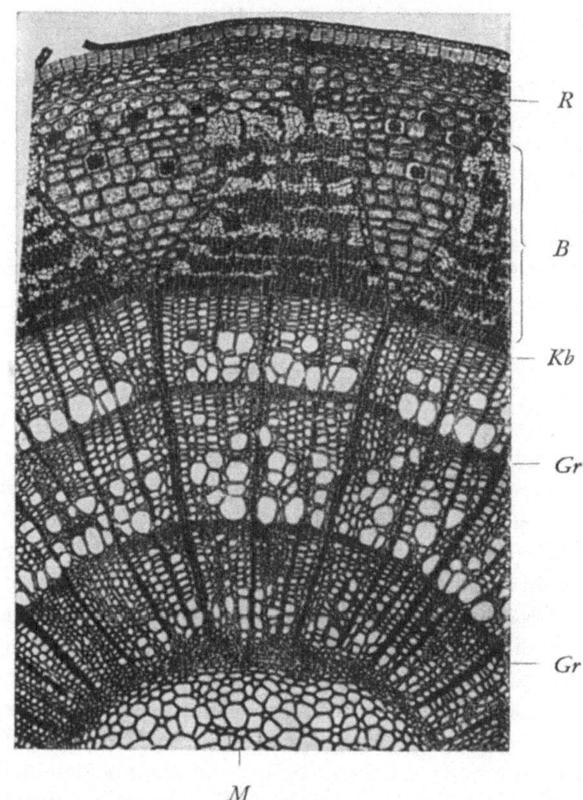

Abb. 37. Querschnitt durch einen dreijährigen Zweig der Linde. Außen
(oben) ein mehrschichtiges Korkhäutchen, von der Epidermis bedeckt.
R primäre Rinde. *B* Bast oder sekundäre Rinde, von zwei nach außen
stark verbreiterten Markstrahlen durchzogen und in Gruppen von Bastfasern („Hartbast", hell) und „Weichbast" gegliedert. *Kb* Kambiumring.
Gr die Jahresringgrenzen. *M* Mark. Nach *Kny.*

Es ist unbedingt nötig, den Bau dieser sekundären Gewebe-
massen genauer zu schildern. Nur wer ihn kennt, kann die Leistung des Stammes im Leben der Pflanze verstehen, und kann auch
die technischen Eigenschaften des Holzes und Bastes sowie ihre

62

Verschiedenheiten bei den verschiedenen Bäumen erfassen. Wir beginnen mit dem *Holzkörper*. Er zeigt bei unseren einheimischen Hölzern, schon mit bloßem Auge oder mit der Lupe betrachtet, eine doppelte Gliederung (Abb. 38): Einmal ist er von radial verlaufenden Linien durchsetzt, die je nach Art breiter oder schmaler erscheinen können. Das sind die Markstrahlen, und zwar einerseits die primären Markstrahlen, die sich vom Kambium aus dauernd verlängert haben und vom Mark bis in die Rinde laufen, andererseits sogenannte sekundäre Markstrahlen, die zu den ersten hinzugetreten sind dadurch, daß das Kambium an einer bestimmten Stelle aufhört, Holz und Bast zu bilden und statt dessen Parenchym erzeugt. Wo dieser Prozeß einmal stattgefunden hat, erfolgt dauernd die Weiterbildung dieses Markstrahles. Zum Unterschied vom primären verläuft also der sekundäre Markstrahl nicht vom Mark bis in die Rinde, sondern er endigt innen irgendwo im Holz, außen in der Rinde blind. Je später im Leben des Baumes er entstanden ist, desto kürzer ist er. Die andere Gliederung des Holzkörpers steht senkrecht zur ersten und äußert sich in ringförmigen Linien, die die Grenze der einzelnen Jahreserzeugnisse von Holz andeuten und deshalb Jahresringgrenzen genannt werden; die Holzbildung eines Jahres stellt natürlich eine ringförmige Masse vor und heißt deshalb „*Jahresring*".

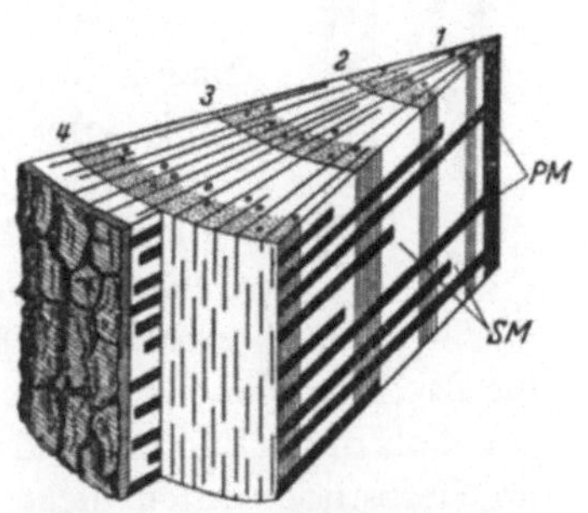

Abb. 38. Holzkörper eines Baumes in schematischer Darstellung. 1, 2, 3, 4 die Jahresringgrenzen.
PM Primärer Markstrahl.
SM Sekundärer Markstrahl.

Die aufeinanderfolgenden Jahresringe sind keineswegs alle gleich breit. Ihre Breite schwankt vielmehr stark mit den Lebensbedingungen, unter denen sie entstehen, vor allem mit der Regenmenge: in trockenen Jahren werden schmale, in feuchten breite Ringe erzeugt. Man kann daher aus der Breite der Ringe — mit der nötigen Vorsicht! — Schlüsse auf das Klima der Zeit ziehen, zu der die Holzkörper entstanden. So gelingt es, selbst prähistorische Hölzer unter Umständen zu datieren. — Weshalb die

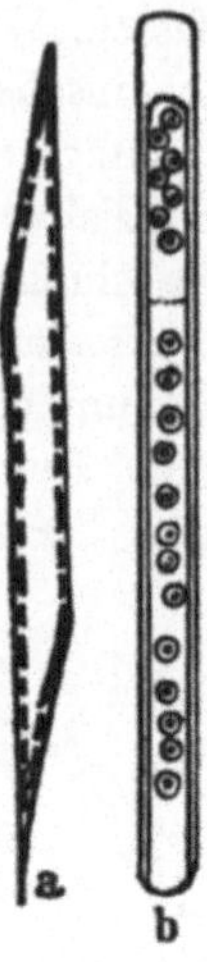

Abb. 39. Tracheide einer Kiefer. Schematisch, sehr verkürzt im Verhältnis zur Breite. *a*) Im tangentialen Längsschnitt. *b*) In der Radialansicht (man denke sich *a* so um 90° gedreht, daß die rechte Wand dem Beschauer zugekehrt ist). Nach *Rothert*.

Grenzen dieser Jahresringe sich voneinander abheben, das macht erst die mikroskopische Untersuchung des Holzes klar. Da zeigt sich an feinen Quer- und Längsschnitten, daß ein durchgreifender Unterschied im Bau des Holzes der Nadel- und der Laubhölzer besteht. Erstere (Abb. 39) haben oft — abgesehen von den schmalen Markstrahlen — nur ein einziges Element im Holz, nämlich kurze, an beiden Enden zugespitzte Gefäße, die nur auf den Radialwänden die charakteristischen Tüpfel tragen. Diese Elemente nun, die als „*Tracheiden*" bezeichnet werden, sind im sogenannten Frühjahrsholz durch dünne Wand und weiten Hohlraum ausgezeichnet, im Herbstholz durch dicke Wand und engen Hohlraum. Das Herbstholz besteht also aus viel mehr Wandsubstanz als das Frühjahrsholz, ist dichter, fester und hebt sich deshalb vom lockeren Frühjahrsholz ab (Abb. 40). — Viel abwechslungsreicher ist der Holzkörper der Laubhölzer aufgebaut (Abb. 37, 41). Er zeigt wenigstens dreierlei nach Gestalt und Leistung verschiedene Zellformen: 1. *Parenchymzellen*, im wesentlichen wie die der Markstrahlen gebaut, zwar mit derber, verholzter Membran, aber doch mit lebendem Inhalt versehen, in dem namentlich im Herbst

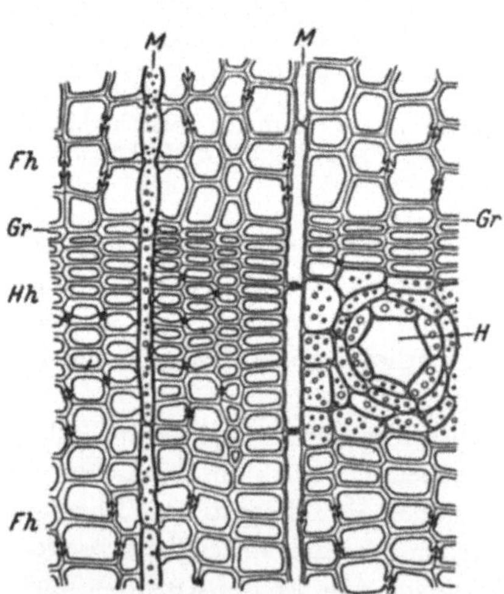

Abb. 40. Sekundäres Holz einer Kiefer; Querschnitt. *Gr* Grenze eines Jahresringes. *Fh* Frühjahrsholz. *Hh* Herbstholz. *M* Markstrahlen. *H* Harzgang.

64

Stärke in Menge zu finden ist; 2. lange, beiderseits zugespitzte, derbwandige und verholzte „*Holzfasern*", in denen das Leben früher oder später erlischt, und 3. *Gefäße*, d. h. Elemente mit der früher geschilderten eigenartigen Wandskulptur und Tüpfelung. Auch ihre Wand ist verholzt und ihr Inhalt ist Wasser.

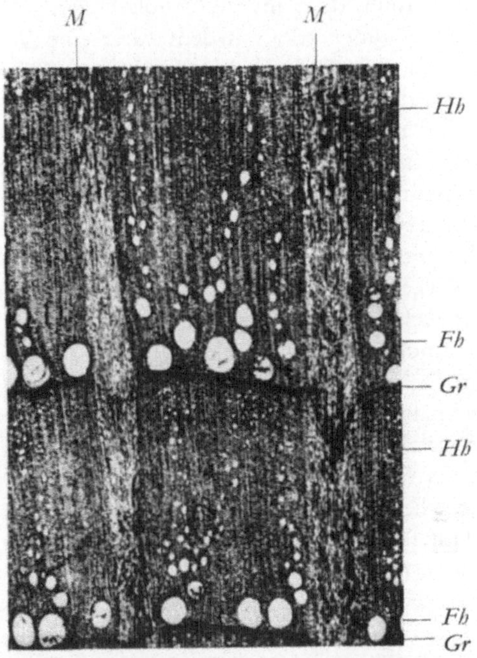

Abb. 41. Querschnitt durch das Holz der Eiche. Nur das Frühjahrsholz (*Fh*) ist durch weite Gefäße ausgezeichnet. *Hh* Herbstholz. *Gr* Jahresringgrenzen. *M* Markstrahlen. Schwach vergrößert. Nach *E. Schmidt*.

Sie kommen in zwei Formen vor: als kurze *Tracheiden*, die sich aus einer einzigen Zelle entwickeln, wie wir sie bei den Nadelhölzern fanden, und als lange *Tracheen*, die aus der Verschmelzung vieler hintereinanderliegender Zellen sich aufbauen und dabei *Röhren* unter Umständen von Meterlänge erzeugen. Im Frühjahrsholz zeigen alle diese Elemente stets eine größere Radialstreckung, im Herbstholz sind sie mehr abgeplattet und auch dickwandiger. Manchmal, bei den sogenannten „*ringporigen*" Hölzern (Eiche, Kastanie, Ulme, Esche [Abb. 41]) sind die größten Gefäße, die einen Durchmesser von 0,25 mm oder mehr erreichen und deshalb mit bloßem Auge im Querschnitt als Löcher erscheinen, nur im Frühjahrsholz ausgebildet und unterscheiden dieses dann besonders scharf vom Herbstholz, in anderen Fällen, bei den „*zerstreutporigen*" (Ahorn, Birke, Linde), sind sie über den ganzen Jahresring verteilt, doch im Herbstholz enger.

Bei vielen Bäumen tritt mit dem Alter eine Veränderung der Holzringe ein. Sie werden braun und heben sich als sogenanntes *Kernholz* von dem helleren *Splintholz* ab. Die Ursachen der Verkernung sind recht viele. Die lebenden Elemente in den Markstrahlen und im Holzparenchym sterben ab, die Gefäße verlieren ihr Füllwasser und werden unwegsam, indem entweder benachbarte Zellen Wucherungen in ihren Hohlraum vorschicken, oder indem organische und anorganische Stoffe in ihnen abgelagert werden. Mit der Verkernung ist eine beträchtliche Zunahme des spezifischen Gewichtes des Holzes verbunden.

Dem sekundären *Siebteil* oder *Bast* fehlt die Jahresringgliederung vollkommen. Er kann entweder nur aus Siebröhren und den diese regelmäßig begleitenden Parenchymzellen bestehen und ist dann eine weiche Masse (Weichbast), oder er bildet, unregelmäßig zwischen die Siebröhren gemengt oder auch in regelmäßig mit diesen abwechselnden konzentrischen Ringen, Fasern aus, die sich von den Holzfasern im wesentlichen nur durch ihre Lage im Bast unterscheiden *(Bastfasern)*.

Nachdem wir nun eine Einsicht in den anatomischen Bau des Stammes haben, können wir seine *Leistungen* betrachten. Wir stellen die Leitung des Wassers in den Vordergrund. Dieses wird ja, wie noch im einzelnen zu zeigen oder schon früher gezeigt ist, von der Wurzel aufgenommen und vom Blatt verdunstet. Der Stamm muß es demnach nach oben befördern. Zunächst ist zu bemerken, daß Wasser natürlich osmotisch (S. 51) von Zelle zu Zelle weitergegeben werden kann. Allein dieser Prozeß geht langsam, ist also unergiebig. Wenn Wasser, wie bei der Transpiration, in großen Mengen rasch befördert werden soll, bewegt es sich in Massenströmen. Die erste Frage, die wir zu beantworten haben, ist demnach: Welche Teile des Stammes sind zu solchen Massenströmungen befähigt? Und diese Frage ist mit einfachen Mitteln zu lösen. Es ist selbstverständlich, daß das Mark nicht geeignet sein kann, denn es ist gewöhnlich frühzeitig völlig trocken. So richtet sich unsere Aufmerksamkeit einerseits auf den Holzkörper und andererseits auf Bast und Rinde. Diese zwei Teile lassen sich aber namentlich im Frühjahr leicht voneinander trennen. Man braucht nur zwei ringförmige Schnitte im Abstand von vielleicht 2 cm durch Rinde und Bast bis auf den Holzkörper zu führen, dann kann man die äußeren Teile durch eine solche „*Ringelung*" (Abb. 42a) leicht ganz entfernen und hat erzielt, daß auf eine Strecke weit nur der Holzkörper die Verbindung zwischen Aufnahme- und Abgabeort des Wassers vermittelt. Insbesondere wenn man dafür sorgt, daß die bloßgelegte Wundstelle durch einen geeigneten Verband bedeckt wird, so daß sie nicht austrocknen kann, dann sieht man je nach der verwandten Baumart wochen-, monate- oder gar jahrelang den Wassertransport in unverminderter Größe zu den Blättern gehen; diese bleiben frisch, welken nicht. Wir schließen: *Der Holzkörper leitet das Wasser.* Machen wir an einem ausgesprochenen Kernbaum den Einschnitt tiefer, so daß er bis auf den Kern geht, also auch die ganze Splint-

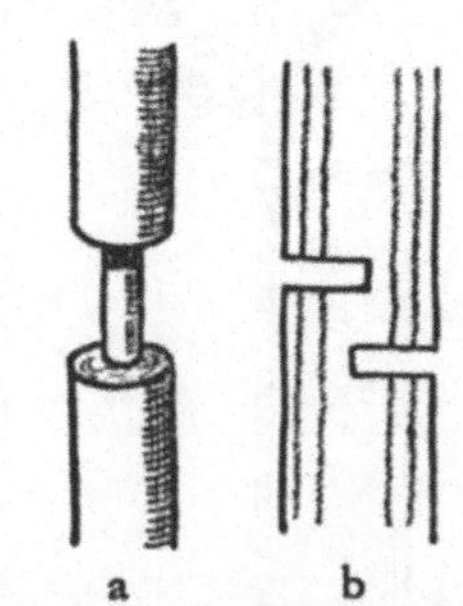

Abb. 42. a) Ein geringelter Zweig. b) Längsschnitt durch einen Zweig mit zwei Einschnitten. die alle Gefäße unterbrechen.

masse durchtrennt, so welkt der Baum rasch. *Der Kern kann kein Wasser leiten.* Um nun zu prüfen, welche Elemente des Splints das Wasser transportieren, werden wir abgeschnittene Zweige verwenden. Wir wissen ja, daß diese statt aus der Wurzel lange Zeit auch mit der Schnittfläche Wasser schöpfen können. Läßt man nun einen solchen abgeschnittenen Zweig in eine Gelatinelösung eintauchen, die durch passende Temperatur flüssig gehalten wird, so steigt statt Wasser Gelatine in die Höhe, und zwar im Hohlraum der Gefäße. Durch Abkühlung bringen wir diese zur Erstarrung und bemerken, daß ein Zweig, dessen Gefäßräume so verstopft sind, nicht mehr imstande ist, der Wasserleitung zu dienen. Auch auf anderem Wege läßt sich noch zeigen, daß das Wasser im Hohlraum der Gefäße nach oben steigt. Wenn man an einem Eichenzweig im Abstand von wenigen Zentimetern von zwei entgegengesetzten Seiten her

Kerben einsägt (Abb. 42b), die bis über die Mitte gehen, so müssen sämtliche Gefäße, die ja hier sehr lang sind, durch den Einschnitt unterbrochen sein; in der Tat welkt der Zweig rasch. Zwar hat er außer den langen Tracheen, die im Versuch unwegsam gemacht wurden, auch noch kürzere Tracheiden, in denen das Wasser noch steigen kann, aber sie genügen doch nicht zu voller Versorgung der Blätter.

Man sollte denken, daß die Wasserleitung am leichtesten in weiten Gefäßen ohne alle Querwände erfolgen müsse, daß also schließlich ein einziges weites Gefäß, das wie eine Glasröhre Wurzel und Blätter verbände, am besten geeignet sei. Statt dessen sehen wir, daß im Stammquerschnitt zahlreiche, relativ enge Gefäße ausgebildet sind und daß diese [immer von Zeit zu Zeit eine Querwand entwickeln. Eine Gefäßweite von 1 mm und eine Länge von 1 m ist schon recht selten. Das muß eine Bedeutung haben (S. 71).

Fragen wir nun nach Kräften, die das Wasser zum Gipfel der Bäume heben, also sehr häufig auf 30 bis 50 m, manchmal aber auch über 100 m hoch, so beginnen wir am besten mit einem Versuch. Ein handlicher Zweig einer Eibe wird mit Hilfe eines Kautschukstopfens auf einem $1\frac{1}{2}$ m langen Glasrohr befestigt. Nachdem dieses mit Wasser gefüllt ist, wird es mit dem Zweig nach oben aufgerichtet und mit seinem unteren Ende in Wasser gestellt. Der Zweig hebt jetzt sein Transpirationswasser durch das lange Glasrohr hindurch. Bringt man nun unten das Steigrohr statt in Wasser in Quecksilber, so sieht man auch diese 13 mal schwerere Flüssigkeit in dem Maße steigen (Abb. 43), wie der Zweig Wasser aufnimmt. Der Zweig übt also offenbar eine saugende Wirkung aus, er verfügt über eine nicht unbeträchtliche „Saugkraft". Lange hat man geglaubt, diese könne die Größe des Luftdruckes, also *einer* Atmosphäre nicht überschreiten, und so wie der Saugpumpe

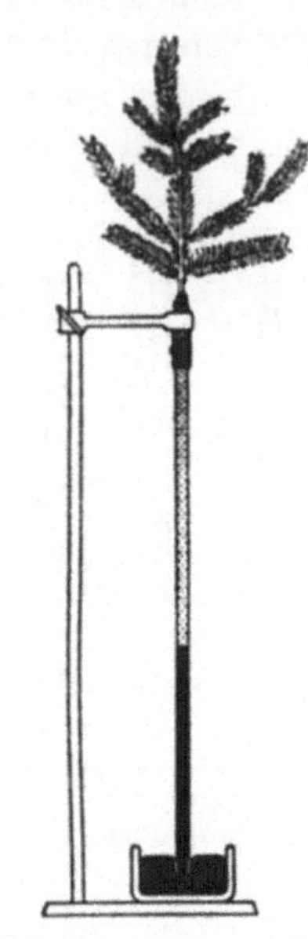

Abb. 43. Eibenzweig hebt durch seine Saugung Quecksilber.

(Brunnen) sei es auch dem Baum nicht möglich, Wasser höher zu saugen als bis zu der Höhe, die einer Atmosphäre entspricht, das sind rund 10 m Wasser oder 75 cm Quecksilber. So wie im Brunnenrohr, das länger ist als 10 m, beim Pumpen oben ein luftleerer Raum (Torricellische Leere) entsteht, so glaubte man, daß auch in unserem Versuch das Quecksilber allerhöchstens auf 75 cm steigen könne und dann reißen müsse. Unter bestimmten Vorsichtsmaßregeln hat man aber das Quecksilber in solchen Saugversuchen beträchtlich höher steigen sehen, als es dem Barometerstand entsprach. Wie ist das möglich?

Nun, wenn man unser $1\,^1/_2$ m langes Glasrohr in Quecksilber tauchen und am oberen Ende die Wasserluftpumpe saugen läßt, dann wird in der Tat kein höheres Steigen des Quecksilbers zu beobachten sein als das dem Barometerdruck entsprechende. Wenn man aber die Röhre am einen Ende verschließt, sorgfältig mit Quecksilber füllt und dann unter Quecksilber umkehrt, so wird die $1\,^1/_2$ m-Säule zunächst stehen bleiben und erst nach kräftigem Klopfen abreißen und auf 75 cm herabsinken. Über ihr wird sich dann die Torricellische Leere bilden. Wollte man

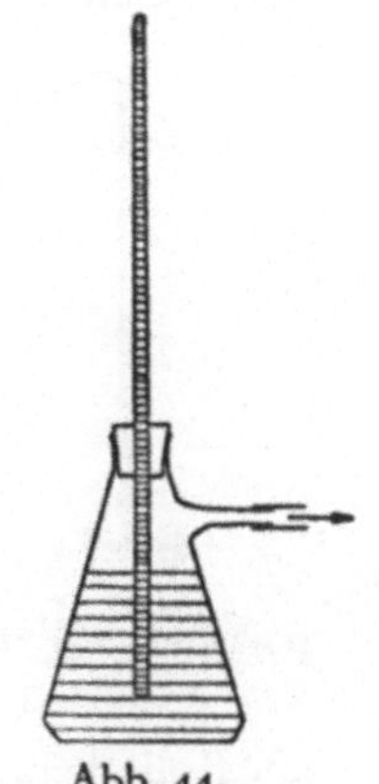

Abb. 44.
Kohäsionsversuch.

den Versuch mit Wasser ausführen, so müßte man mit außerordentlich langen und völlig unhandlichen Röhren arbeiten. — Bequemer wird der Versuch, wenn man ein mit luftfreiem Wasser gefülltes Glasrohr so in einem Glasgefäß in Wasser tauchen läßt, wie das die Abb. 44 andeutet. Durch Saugen mit der Luftpumpe bei → kann man jetzt den ganzen auf dem Wasser lastenden Luftdruck wegnehmen, trotzdem bleibt das Glasrohr bis oben mit Wasser gefüllt. Damit ein Reißen der Wassersäule eintreten kann, müßte sich eine Luftblase oder Dampfblase bilden, die sich dann vergrößerte. Sie muß bei ihrem Entstehen die „*Kohäsion*", den Zusammenhalt der Wasserteilchen überwinden, und diese ist nicht wie man früher glaubte, geringfügig, sondern recht groß; sie wird auf Hunderte von Atmosphären angegeben. Je enger das Glasrohr ist, desto fester bleibt der Zusammenhang gewahrt, desto schwerer bilden sich Blasen.

Es leuchtet ein, daß die Kohäsion des Wassers auch für das Wassersteigen in der Pflanze von großer Bedeutung sein muß. Deshalb ist es notwendig, daß man sich die Druckverhältnisse klarmacht, die in einem, sagen wir 20 m hohen, oben geschlossenen und mit luftfreiem Wasser gefüllten Glasrohr bestehen, wenn dieses mit dem unteren Ende in Wasser taucht (Abb. 45). So wie an der Wasseroberfläche, so herrscht auch im Innern der Röhre ganz unten Atmosphärendruck. Gehen wir höher, so nimmt dieser Druck mehr und mehr ab, und bei rund 10 m Höhe haben wir den Druck Null. Wenn nun über diesen Punkt hinaus noch Wasser steht, so kann dieses nicht ebenfalls den Druck Null besitzen, es muß vielmehr negativen Druck haben, und bei rund 20 m Höhe beträgt der negative Druck -1 Atmosphäre. Entsprechend muß also auch in einem völlig mit Wasser gefüllten 30 m hohen Gefäß oben ein Druck von -2 Atmosphären herrschen usf. Diese negativen Drucke versetzen natürlich das Wasser in Zugspannung, und die Kohäsion trägt diese Spannung. Wenn nun die Kohäsion

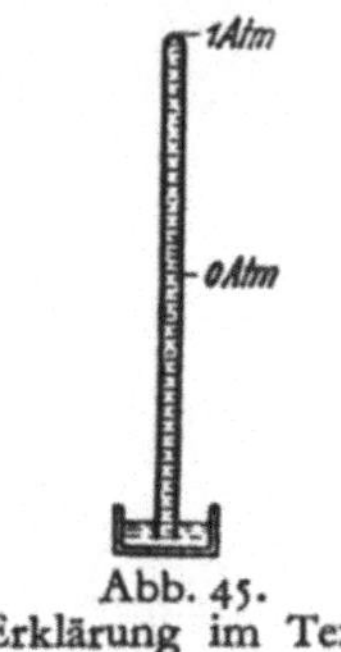

Abb. 45.
Erklärung im Text.

eine Rolle beim Wassersteigen spielen soll, so müssen zusammenhängende Wassersäulen in den Gefäßen nachzuweisen sein, und diese müssen unter negativem Druck stehen. Daß solche Wasserfäden wenigstens im jüngsten Splint gegeben sind, gilt als sicher. Wenn sie in älteren Teilen des Holzkörpers fehlen und hier Luft-Wasserketten in den Gefäßen angetroffen werden, so werden eben diese Teile des Stammquerschnittes sich nicht mehr an der Leitung beteiligen können. Was aber die negativen Drucke im Innern der Gefäße anlangt, so sind sie nicht nur ihrer Existenz nach festgestellt, sondern sogar annähernd der Größe nach gemessen. Es würde zu weit führen, das hier zu zeigen. Wir beschränken uns auf den Hinweis einer Folgeerscheinung des negativen Druckes. Da die Gefäßwände nicht etwa starr sind, sondern elastisch, so werden sie einem negativen Druck nachgeben, und das Gefäßlumen wird sich verengern; damit muß aber die Dicke des ganzen Holzkörpers abnehmen. Bei sehr starker Transpiration, dementsprechend also Ausbildung hoher negativer Drucke, sieht man in

70

der Tat, wie der Holzkörper an Dicke abnimmt, um sofort elastisch seine ursprünglichen Dimensionen wieder anzunehmen, wenn etwa durch einen Einschnitt in das Gefäßsystem Atmosphärendruck hergestellt wird. Das Vorkommen negativer Drucke in den Gefäßen macht die Dicke ihrer Wand verständlich. Eine dünne Gefäßwand müßte bei den großen Druckunterschieden zwischen Gefäßinhalt und Außenwelt einfach zusammengepreßt werden; damit wäre dann die Leitfähigkeit des Holzes vernichtet. Warum aber die Verdickung nicht die ganze Wand trifft, sondern Tüpfel ausspart, wird alsbald zu besprechen sein.

In der Kohäsion des Wassers ist also ein sehr einfaches Mittel gegeben, um die Leitungsbahnen auch der höchsten Bäume mit Wasser gefüllt zu halten, aber diese Füllungen sind doch nicht sehr stabil und werden keinesfalls solange erhalten bleiben, wie der Baum lebt. Ganz allgemein — nicht nur etwa in Kernhölzern — sehen wir die zentralen Teile des Holzkörpers mit lufthaltigen Gefäßen ausgestattet, so daß manchmal nur im jüngsten Jahresring die Bedingungen für die Wasserleitung gegeben sind. So sind die dauernden Neubildungen, das fortgesetzte Dickenwachstum verständlich. Das Auftreten von Luft- und Dampfblasen wird durch großen Durchmesser der Gefäße und durch Verunreinigung des Füllwassers gefördert. Somit müssen zusammenhängende Wasserfäden in den engsten Gefäßen am längsten erhalten werden; doch sind diese andererseits wegen der vergrößerten Reibung begreiflicherweise besonders ungeeignet für die Leitung. In der Natur finden wir meistens beide Gefäßtypen nebeneinander: große, weitlumige Tracheen und kleine, enge Tracheiden. Die letzteren können dann, auch wenn die ersten durch Luftblasen außer Tätigkeit gesetzt sind, noch Wasser leiten, freilich entweder nur in geringerem Ausmaß oder nach Herstellung einer größeren Hebekraft. Die weiten Gefäße sind zudem in der Regel sehr lang, d. h. nur selten von Querwänden unterbrochen; das vermindert weiter den Widerstand, den sie der Strömung bereiten, aber es hat den Nachteil, daß beim Auftreten von Luftblasen sofort große Strecken unbrauchbar gemacht werden. Die Tracheiden aber sind nicht nur eng, sondern auch kurz, bei ihrer Ausschaltung wird also nur ein kleines Stück der Leitungsbahnen betroffen. Wie es scheint, ist namentlich im Frühjahr, wenn die starke Transpiration jugendlicher

Sprosse einsetzt, ein besonders großes Bedürfnis nach weiten Gefäßen gegeben, dementsprechend sehen wir bei den ringporigen Hölzern diese auf das Frühjahrsholz beschränkt, und sie werden manchmal schon vor dem Laubausbruch fertiggestellt, doch dauern sie kaum den ganzen ersten Sommer aus, werden vielmehr schon frühzeitig außer Dienst gestellt und durch Tracheiden ersetzt.

Übrigens muß ein Gefäß durch Auftreten von Luft nicht gleich unbrauchbar für die Pflanze werden. Denn wenn auch sein bisheriger einheitlicher Wasserfaden durch Zerteilung in eine Kette von Luftblasen und Wassertröpfchen nicht mehr Wasser *leiten* kann, so kann er doch noch als Wasserspeicher dienen, aus dem benachbarte Zellen schöpfen. Wir haben bisher stillschweigend vorausgesetzt, daß das Wasser *nur* im Hohlraum der Gefäße steigt und daß die Zellwand nur dann durchströmt wird, wenn Querwände von Tracheen und Enden von Tracheiden passiert werden müssen. Solche Übertritte von einem Element ins nächsthöhere werden unter allen Umständen dadurch sehr erleichtert, daß dünne Stellen, „Tüpfel", an den maßgebenden Stellen angebracht sind. Auch ganz am Ende seiner Bahn im Blatt muß das Wasser durch die Gefäßwand gehen, um zu den Parenchymzellen zu gelangen. Auch hier findet es Tüpfel zum Durchtritt. Endlich sind aber auch Tüpfel auf den *Längs*wänden der Gefäße im ganzen Stamm zu finden. Sie lassen vermuten, daß die Wasserleitung auch seitlich von einem Gefäß zum Nachbargefäß möglich ist. Sie wird notwendig, wenn ein Element etwa durch Auftreten von Luftblasen unbrauchbar geworden ist und der normale geradlinige Aufstieg damit gesperrt worden ist. Selbstverständlich bedingt eine solche seitliche Bewegung die Überwindung sehr viel größerer Widerstände. Daß sie aber trotzdem in ausreichender Geschwindigkeit erfolgen kann, das zeigt ein Versuch mit einem Tannenzweig, der dem oben (S. 67) mit einem Eichenzweig ausgeführten entspricht. Werden von zwei entgegengesetzten Seiten her Einschnitte bis über die Mitte des Holzkörpers angebracht, so verdorrt in *diesem* Fall der Gipfel nicht, weil das Wasser entsprechend den Pfeilen in Abb. 46 die Hindernisse *umgeht*. Da auf den radialen Längswänden der Tracheiden des Koniferenholzes große Tüpfel stehen (Abb. 39), auf den tangentialen aber nicht, so bieten die ersteren einen ungleich geringeren Widerstand als die letzteren.

Es fragt sich nun, woher die Saugkraft der Zweige kommt, die
wir in unserem Versuch kennengelernt haben. Sie wird von den
osmotischen Kräften derjenigen Zellen geliefert, die unmittelbar
den letzten Auszweigungen der Leitbündel in den feinsten Blatt-
rippen anliegen. Die osmotischen Verhältnisse der Zelle wurden
schon S. 51 besprochen. Wir hörten, daß die Zelle beim Einlegen
in Wasser einen osmotischen Druck erzeugt, der ihre Membran
spannt. In diesem Zustand der vollen
Wassersättigung hat die Zelle natürlich keine
Saugkraft. Diese tritt erst auf, wenn sie
Wasser z. B. durch Transpiration verloren
hat, und sie erreicht ihren größten Wert,
wenn die Membran völlig entspannt ist.
Ihre Größe hängt also einerseits von dem
Grad der Entspannung der Wand, andererseits auch von der Konzentration ihres
Inhaltes ab. Von zwei Zellen mit gleich-
artiger Membran, von denen die eine im

Abb. 46. Weg des
Wassers in einem
zweiseitig einge-
sägten Tannenzweig.

Zustand völliger Entspannung einen Zellsaft von 5 % Rohrzucker,
die andere von 10 % hat, kann also die letztere eine höhere
Saugkraft entwickeln als die erstere.

Die Größe der Saugkraft in den Blättern konnte vielfach gemessen werden. Sie ist selbstverständlich großen Schwankungen
ausgesetzt, je nach dem Wassersättigungszustand des Blattes. Uns
interessiert nur ihr größter Wert, den sie im welken Blatt gewinnt.
Er kann schon bei krautigen Pflanzen leicht 10 und 20 Atmosphären und mehr betragen und steigt bei derselben Art mit der
Trockenheit des Bodens ganz gewaltig. Zur Aufwärtsbewegung
einer zusammenhängenden Wassersäule etwa in einer weiten
Glasröhre von 30 m Länge, bei der wir die Reibung an der Wand
vernachlässigen können, bedarf es einer Saugkraft von 2 Atmosphären; im 30 m hohen Baum aber ist zur Hebung des Wassers
eine sehr viel höhere Saugkraft nötig, weil ja durch die Reibung
an den Gefäßwänden und durch die zu durchwandernden Querwände ein erheblicher Filtrationswiderstand gegeben ist. Die
Größe der Wasserdurchströmung eines Stammes muß direkt
proportional dem Saugkraftunterschied zwischen dem transpirierenden Blatt und der Wurzel sein und umgekehrt proportional

dem Filtrationswiderstand. Nach dem oben Ausgeführten aber muß der Filtrationswiderstand bei den einzelnen Baumarten recht verschieden sein, groß bei den Koniferen, deren enge, kurze Tracheiden viele Querwände entgegenstellen, klein bei den weitporigen Laubhölzern, wie etwa der Eiche. Die Größe solcher Filtrationswiderstände hat man durch künstliches Hindurchpressen oder Hindurchsaugen von Wasser durch die Leitungsbahnen mittels einer Pumpe bestimmen können. Für die Buche z. B. ergab sich, daß zur Überwindung der Filtrationswiderstände pro 10 m Stammlänge 2,3 Atmosphären nötig sind; und rechnet man noch 1 Atmosphäre zur Hebung gegen den Luftdruck hinzu, so werden also insgesamt auf 10 m Stammhöhe 3,3 Atmosphären zu veranschlagen sein, um den Wasserstrom in Gang zu halten. Diese theoretische Forderung findet man auch bestätigt, da die bei der Buche gemessenen Saugkraftwerte sich von 10 zu 10 m Stammhöhe wirklich um einen Betrag von 3 bis 4 Atmosphären unterscheiden. Bei den höchsten Bäumen, die wir kennen, denen 140 m Höhe zugeschrieben wird, müßten Saugkräfte von etwa 50 Atmosphären bestehen, was durchaus in den Grenzen des Wahrscheinlichen liegt.

Es bleibt uns noch die *Geschwindigkeit* der Wasserströmung zu besprechen. Es ist klar, daß hierin weitgehende Unterschiede zwischen den einzelnen Arten bestehen müssen. Wenn wir zunächst einmal die *mittlere* Strömungsgeschwindigkeit für den Gesamtquerschnitt der leitenden Holzmasse betrachten, so zeigt sich, daß bei unseren Laubhölzern 30 bis 100 cm hohe Wassersäulen in der Stunde durch diesen wandern müssen, um die Transpiration zu decken. Bei den Koniferen besitzen diese Wassersäulen nur die Höhe von 10 cm, und bei den Kräutern sind sie weit über 1 m hoch. Da nun aber der Holzkörper aus ganz verschiedenartigen Elementen bestehen kann, solchen, die gut leiten und solchen, die gar nicht leiten, so wird die *maximale* Strömungsgeschwindigkeit in den bestleitenden Elementen Werte erreichen müssen, die weit über den Mittelwerten liegen. In der Tat hat sich ergeben, daß die ringporigen Laubhölzer mit weiten Gefäßen eine Strömungsgeschwindigkeit von 28 m (Robinie) bis 44 m (Eiche) in der Stunde besitzen, während die zerstreutporigen mit ihren viel engeren Gefäßen es nur auf 1 m (Buche) bis 2 m (Ahorn) bringen und immergrüne Nadelhölzer unter 1 m bleiben. Diese größere Leistung der Ringporigen wird aber durch kürzere Funktionsdauer erkauft. Vielfach hören diese weiten Gefäße schon nach *einem* Jahr auf, Wasser zu leiten, und dementsprechend müssen bei den ringporigen Bäumen schon vor Beginn des Laubausbruchs neue Gefäßbahnen hergestellt werden.

Wäre die Saugkraft im ganzen Baum gleich groß und wäre der Querschnitt des leitfähigen Holzkörpers überall proportional der Menge der von ihm mit Wasser versorgten Blätter, so müßte alles von der Wurzel aufgenommene Wasser ausschließlich dem geringeren Widerstand folgend in die basalen Äste strömen, und die Gipfel müßten verdorren. Allein es gibt einige Einrichtungen, die dahin wirken, daß die Seitenzweige Schwierigkeiten in der Wasserversorgung finden, während umgekehrt der Transport zur Krone begünstigt wird. So ist eben tatsächlich die Saugkraft nicht überall die gleiche, sondern sie steigt mit der Höhe des Baumes. Bei der Buche z. B. hat dasselbe Blattelement in einem tiefstehenden Blatt 7,5 Atm., während es in einem 10 m höheren Blatt 10,5 Atm. aufweist. Ohne jeden Zweifel kann man sagen, daß in 30 m Höhe wachsende Blätter noch größere Saugkräfte besitzen müssen. Und das Leitungssystem finden wir in den Ästen viel schlechter entwickelt als im Stamm, und in diesem wird es nach oben zu relativ immer besser, d. h. im Verhältnis zu der zu versorgenden Blattmasse wird nach oben zu der Querschnitt des Holzes größer, ja manchmal qualitativ besser, also mit mehr oder mit weiteren Gefäßen versorgt. Trotz dieser Begünstigung der oberen Teile in der Wasserversorgung ist die Transpiration in der Krone nicht unbeträchtlich geringer als an der Basis, in einem Einzelfall wurde sie z. B. in 12 m Höhe 6 mal geringer als unten gefunden.

Im transpirierenden Blatt sind die Parenchymzellen zwischen einem Netz von wassererfüllten Tracheiden angeordnet. Die unmittelbar an diese anstoßenden Zellen werden mit ihrer Saugkraft direkt aus ihnen schöpfen; die fernerstehenden können nur aus ihren Nachbarzellen Wasser aufnehmen und müssen dementsprechend immer eine größere Saugkraft besitzen als diese. Es besteht also ein *Saugkraftgefälle* im Chlorophyllgewebe, das auf osmotischem Wege Wasser transportiert. Da diese Bewegung langsam

erfolgt, verstehen wir die riesige Ausdehnung des Tracheiden-
netzes im Blatt, die eben den Sinn hat, die Massenströmungen
möglichst weit gehen zu lassen und die osmotischen möglichst
einzuschränken.

Neben dem Wasserstrom gibt es noch eine zweite Stoffbewegung
in der Pflanze, bei der ein osmotischer Austausch von Zelle zu Zelle
nicht ausreicht, so daß Massenströmung erfolgen muß. Wie das
Wasser in den Gefäßen, so strömen die organischen Stoffe, die in
den Blättern aufgebaut werden, die Assimilate, in den Siebröhren.
Geht der Wasserstrom einseitig von unten nach oben, so erfolgt
der Siebröhrenstrom ganz überwiegend nach unten. Unterbricht
man durch einen bis auf den Holzkörper reichenden Ringelschnitt
den Bastkörper und somit den Zusammenhang der Siebröhren, so
tritt nicht nur oberhalb der Wunde ein verstärktes Dickenwachstum ein, während unter ihr dieser Vorgang fast ganz zum Stillstand
kommt, sondern es erfolgt auch eine Stauung des abwärts wan-
dernden Zuckerstroms, der sich in Gestalt von Stärkekörnern
oberhalb der Ringelung niederschlägt. Da nun im Bastkörper die
Siebröhren die einzigen Elemente sind, die im Holzkörper fehlen,
so muß in ihnen die Wanderung des Zuckers erfolgen. Daß auch
die stickstoffhaltigen organischen Stoffe, die aus den Blättern auswandern, sich in den Siebröhren bewegen, ist dadurch nachzuweisen, daß man nach Wegpräparieren dieser Elemente den Saft-
strom versiegen sieht. Die Bewegung dieser Stoffe erfolgt aber
mit bemerkenswerter Geschwindigkeit. Wenn diese auch weit
hinter der des Transpirationsstroms zurückbleibt, so übertrifft sie
doch erheblich die der Diffusion. Durch Einführung passender
Farbstoffe, die sich in großer Verdünnung mit Hilfe des Fluo-
reszenzmikroskopes nachweisen lassen, ist es gelungen, die Stoffbewegung in den Siebröhren direkt sichtbar zu machen und ihre
große Geschwindigkeit zu bestätigen. Über die hierbei wirk-
samen Kräfte wissen wir noch gar nichts, und deshalb muß dieser
Stoffstrom, der ja an Wichtigkeit dem Wasserstrom nicht nach-
steht, hier so kurz behandelt werden. Wie im Holzkörper, so sind
auch im Bast stets nur die jüngsten Elemente — oft nur in einer
Breite von 0,25 mm — voll funktionsfähig; die Siebröhren sterben
schon nach einem Jahr ab und werden zusammengedrückt. Zu erwähnen ist nur noch, daß unter Umständen auch in den Gefäßen

organische Substanz befördert werden kann. Im Frühjahr nämlich, wenn die im Baume abgelagerten Reservestoffe, vor allem die Stärke, gelöst wird, dann wandert der aus ihr hervorgegangene Zucker mit dem Transpirationsstrom in den Gefäßen in die Höhe.

Wir hörten, daß der Stamm auch als *Speicherorgan* verwendet wird. Alle seine lebenden Elemente, also das Holzparenchym, Rindenparenchym und die Markstrahlen werden im Sommer mit Reservestoffen, Stärke, Fett und Eiweiß, gefüllt. Die Menge dieser Reservestoffe in einem älteren Baume ist eine recht gewaltige. Die folgende Zusammenstellung gibt für 100jährige Buchen Aufschluß über den Reservestoffgehalt im ganzen Baum, in der Rinde und im Holz des Stammes in Kilogramm.

	Kohlehydrate	Fette	Eiweiß
Baum	52	6	23
Stamm, Rinde	7,3	1,9	4,1
Stamm, Holz	29,5	3,1	13,2

Die Stoffe, die der Baum braucht, um seinen ganzen Längen- und Dickenzuwachs in einer Vegetationsperiode zu bestreiten, betragen nur einen Bruchteil der Reservestoffe.

Und endlich hat der Stamm noch eine dritte Aufgabe, die der *Festigung*. Er ist nicht nur druckfest gebaut, so daß er die Last der Krone tragen kann, sondern auch biegungsfest, so daß er bei Beanspruchung im Winde nicht einknickt. Wenn auch alle Zellen des Stammes an der Herstellung des festen Baues mit beteiligt sind, so stehen doch im Vordergrund die Faserzellen („Sklerenchym") des Holzes und des Bastes, die vor allem durch die zweckmäßige Anordnung ihrer kleinsten Teile, der kristallinischen Moleküle, aus denen sie sich aufbauen, für die große Festigkeit des Baumes sorgen, die ihren besten Ausdruck in seiner Verwendung zu Bauzwecken findet.

Ehe wir das sekundäre Dickenwachstum des Baumes verlassen, noch eine Bemerkung: Die in die Dicke wachsenden Zweige oder Äste pflegen im allgemeinen keinerlei Längenänderung mehr zu zeigen; diese hat ja mit Vollendung des Streckungswachstums im ersten Lebensjahr ihren Abschluß gefunden. Doch es gibt Ausnahmen! Wenn ein in Streckung begriffener Sproß aus seiner natürlichen Richtung kommt — etwa in schräge oder horizontale

Lage gebracht wird —, dann macht er, wie S. 14 ausgeführt wurde, eine sogenannte geotropische Bewegung, die die Spitze wieder in die Normalstellung führt. Durch einseitig verstärktes Längenwachstum kommt es zu einer Krümmung. Diese bleibt zunächst ganz auf die Teile beschränkt, die noch in Streckung begriffen sind. Allmählich greift sie aber auch auf ältere Teile über und kann hier im Laufe von Jahren recht beträchtlich werden. Die Veränderungen beruhen hier auf der Tätigkeit des Kambiums und verlaufen bei verschiedenen Bäumen recht unterschiedlich:

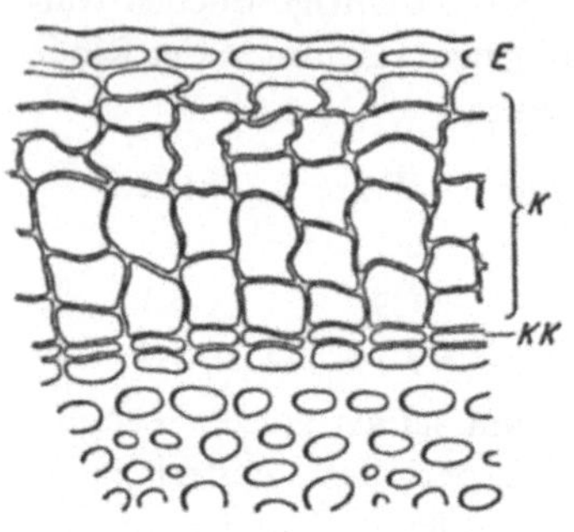

Abb. 47. Kork des Ahorns.
KK Korkkambium.
K Korkzellen. *E* Epidermis.

Bei den Nadelhölzern verlängert sich das Kambium auf der Unterseite, bei den Laubhölzern dagegen verkürzt es sich auf der Oberseite. Um aber die angestrebten Dimensionsänderungen wirklich ausführen zu können, muß das Kambium den sehr beträchtlichen Widerstand des alten Holzes gegen Biegung überwinden.

Im ersten Jahre seines Lebens pflegt der Stengel grün zu sein, weil man durch seine farblose Epidermis durchschauend die freilich spärlichen Chlorophyllkörner seiner Rinde erblickt. Schon am Ende des ersten Jahres, erst recht später, ist die Oberfläche des Zweiges, Astes und Stammes braun gefärbt und meist auch nicht mehr so glatt wie in der Jugend. Diese Veränderung hängt mit der Ausbildung von Korkhäuten zusammen, und diese haben keine geringe Aufgabe zu erfüllen. Der Kork entsteht dadurch, daß sich die Epidermis oder auch Rindenschichten unter ihr radial etwas in die Länge strecken und dann teilen (Abb. 47). Nach kurzer Zeit ist so ein Teilungsgewebe entstanden, das durchaus an das Kambium erinnert, wenn es auch nicht so mannigfaltige Gewebe erzeugt und auch der Menge nach viel weniger leistet. Im wesentlichen bildet dieses Kambium nur eine einzige Zellart, nämlich Zellen, die dicht aneinandergelagert (ohne Luftlücken) sind und die ihrer Zellhaut eine Korklamelle auflagern. Damit werden sie der Epidermis ähnlich, der ja eine Korkhaut außen als

Kutikula aufgelagert ist. Hier aber erfolgt die Bildung der Korkhaut ringsum, und da Kork undurchlässig für die meisten Stoffe ist, so sterben alle diese Zellen ab. Ein solches Korkkambium kann mehrere Jahre lang tätig sein und erzeugt dann eine Korkschicht aus mehr oder weniger zahlreichen Lagen, die nun einen Schutz vor allem gegen Wasserabgabe bildet, der weit vollkommener ist als der von der lebenden Epidermis geleistete. Meist hört nach einiger Zeit die Tätigkeit des Korkkambiums auf, und weiter innen in der Rinde, später auch im Bast, entstehen immer neue Korkkambien, die neue Korkhäute erzeugen. Alles aber, was außerhalb einer solchen liegt, stirbt ab und wird in braune „Borke“ verwandelt, die einen weiteren Transpirationsschutz für den Stamm bildet. Auf die Verschiedenheiten dieser Borkenbildung, die oft sehr charakteristisch für die einzelnen Arten der Bäume sind, können wir nicht eingehen. Wir bemerken nur, daß manchmal die ganze Borke erhalten bleibt und dann beim Dickenwachstum des Stammes, dem sie ja, weil tot, nicht durch Wachstum folgen kann, in kleine Teile zerrissen wird, daß sie in anderen Fällen sich in eigenartiger Weise in Gestalt von Schuppen oder Röhren loslöst. Wichtig ist uns nur zu betonen, daß eben diese Borke wie auch der Kork die weitgehende Einschränkung der Transpiration der oberirdischen Teile des Baumes möglich macht, die vor allem im Winter geboten ist.

V. Die Wurzel

Kaum weniger verzweigt als der oberirdische Baum ist seine Wurzel, aber sie ist im Boden verborgen, und man kann sie an alten Bäumen nur stückweise, in vollem Umfang nur an Keimlingen, zur Anschauung bringen. Das Studium der Keimpflanze gibt ohnedies den besten Einblick in die Gesetze ihres Wachstums und ihrer Verzweigung und muß deshalb an den Anfang gestellt werden.

Die Keimwurzel eines Baumes unterscheidet sich nicht grundsätzlich von der einer einjährigen Pflanze, z. B. der Bohne. Bei der Keimung ist sie das erste, was aus der Samenschale heraustritt, sich in die Richtung des Erdradius einstellt und in dieser abwärts wächst. Man nennt deshalb auch die Wurzel *geotropisch*, aber sie verfügt im Gegensatz zu dem nach oben wachsenden Sproß über „*positiven*" Geotropismus. Bald erscheint sie als ein weißes, zylindrisches Organ, das am unteren Ende sich kegelförmig abwölbt. Wie beim Sproß liegt an diesem spitzen Ende der Vegetationspunkt, d. h. die Stelle, an der die Verlängerung der Wurzel entsteht. Hier befinden sich die embryonalen, also die jungen, teilungsfähigen Zellen, dicht mit Protoplasma erfüllt, doch sind sie wie mit einer Mütze von einem Schutzgewebe, der „Wurzelhaube", überdeckt. Diese vergrößert sich zwar vom Vegetationspunkt aus langsam, aber sie stößt gleichzeitig am anderen Ende ihre Zellen ab, so daß ihre Gesamtlänge immer annähernd gleichbleibt und rund 1 mm mißt. Die embryonalen Zellen des Vegetationspunktes aber gehen bald in Streckung über und sind schon nach wenigen Tagen ausgewachsen. Die wachsende Stelle ist nur wenige Millimeter, höchstens 1 cm lang. In den ausgewachsenen Teilen der jungen Wurzel entwickeln sich dann — und zwar tief im Innern — neue Vegetationspunkte, die nach Durchbrechung der Außenschichten als Seitenwurzeln hervortreten (Abb. 48). Die jüngsten, kürzesten

Abb 48. Keimpflanze der Hainbuche. Verzweigung der Hauptwurzel. Nach *Noll.*

stehen nahe am Vegetationspunkt, die älteren, längeren schließen sich nach oben zu an sie an. Sie sind die einzigen *Glieder* der Wurzel, können sich aber ihrerseits in der gleichen Weise, von innen heraus, wieder verzweigen. Die Wurzel besteht demnach aus lauter gleichen Teilen und zeigt nicht wie der Sproß eine Gliederung in Achsen und Blätter. In der Folge geht die Entwicklung des Wurzelsystems so weiter, daß entweder die Hauptwurzel jahrelang erhalten bleibt und an Wachstumsenergie die Seitenwurzeln übertrifft, oder so, daß die letzteren die Oberhand gewinnen und der Hauptwurzel damit ihre beherrschende Stellung entreißen. Es wiederholt sich also an der Wurzel das, was wir beim Stamm monokormisch und polykormisch genannt haben (S. 12).

Schon bei einjährigen Keimlingen unserer drei gemeinsten Nadelhölzer ergeben sich weitgehende Unterschiede, wenn man sie unter ganz gleichen Umständen kultiviert hat und dann die Gesamtlänge aller ihrer Wurzeln feststellt. Setzt man diese Länge bei der Tanne gleich 1, so hat die Fichte die Länge 2 und die Kiefer gar 12. Berechnet man die Oberfläche der Wurzel, so stellt diese bei der Tanne ein Quadrat von 50 mm, bei der Fichte von 64 mm und bei der Kiefer von 142 mm Seitenlänge vor. Auch die Bodenmasse, die die Kiefer durchzieht, ist sehr viel größer als die der beiden anderen Bäume. Wenn also die Kiefer für besonders „anspruchslos" gilt, so müssen wir sagen, sie vermag mit Hilfe des großen Wurzelsystems auch einen mageren Boden ganz anders auszunützen als Tanne und Fichte. Das Verhalten in späteren Jahren weicht freilich in mehreren Beziehungen sehr stark vom Keimlingsstadium ab. Dabei richtet sich aber der Tiefgang der Wurzeln und die seitliche Ausdehnung vor allem nach der Bodenbeschaffenheit. So kann die Fichte, die auf trockenem, nährsalzarmem Boden die Hauptwurzel früh verliert und ganz flachwurzelig

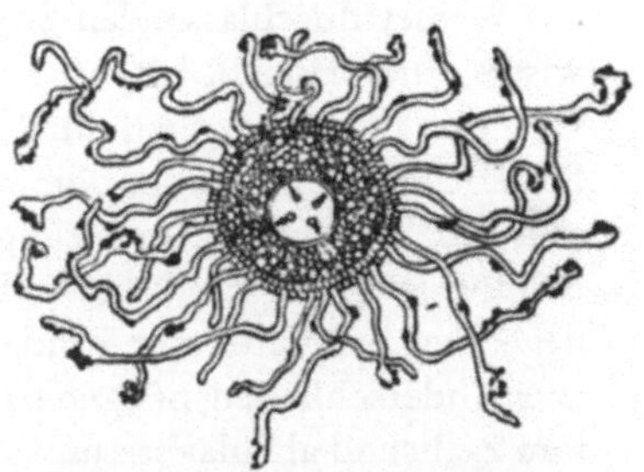

Abb. 49. Wurzelquerschnitt. Schematisch. Schwach vergrößert.

wird, so daß sie leicht vom Wind geworfen wird, auf gut durchlüfteten Gebirgsböden 3 bis 4 m tiefgehende Wurzeln ausbilden. Die Hauptwurzel der Kiefer dagegen bleibt immer erhalten und kann 5 bis 6 m Tiefe erreichen; es treten bei ihr auch noch senkrechte Seitenwurzeln hinzu, so daß eine starke Verankerung im Boden stattfindet; aber auf armem Boden kann auch ihr Wurzelsystem sich auf $^1/_2$ bis 1 m Tiefe beschränken. Die Tanne endlich behält ihre Pfahlwurzel bis ins hohe Alter bei und ist deshalb durch starke Tiefenentwicklung des Wurzelwerks und entsprechend durch hohe Sturmfestigkeit ausgezeichnet. Auf alle Fälle durchzieht das weitverzweigte Wurzelwerk eines großen Baumes viele Kubikmeter der Erde.

Wie zu erwarten, ist auch der anatomische Bau der Wurzel, den uns das Mikroskop enthüllt, viel einfacher als der des Sprosses; er ist bei Haupt- und Seitenwurzel übrigens gleich. Wir studieren ihn am besten an einem Querschnitt (Abb. 49), der in einiger

Entfernung von der Spitze im schon ausgewachsenen Teil angefertigt wird. Leicht unterscheidet man da eine innere Partie, den *Zentralzylinder*, der vom äußeren Teil, der *Rinde*, umgeben wird. Die Rinde ist höchst einfach gebaut und besteht aus Parenchymzellen, die natürlich kein Chlorophyll führen, da dieses in seiner Tätigkeit ja an Licht gebunden ist, aber sie enthalten lebendes Protoplasma. Ihre äußerste Schicht wird als Epidermis bezeichnet. Sie ist wie die Epidermis des Sprosses durch eine besondere Außenlamelle ihrer Zellwand ausgezeichnet, aber diese besteht bei der Wurzel nie aus Korksubstanz, sondern aus anderen, leichter das Wasser durchlassenden Stoffen. Wenn die Epidermis ein gewisses Alter erreicht hat, etwa in einer Entfernung von 1 bis 2 cm von der Spitze, fangen ihre Außenwände an, sich zu langen Schläuchen vorzuwölben, die man „*Wurzelhaare*" nennt. Sie sind sehr kurzlebig, schon nach einigen Tagen gehen sie wieder zugrunde, und auch die Epidermiszellen verschrumpfen. Die darunterliegenden Schichten der Rinde, die wie die Epidermis lückenlos aneinanderschließen, pflegen dann Korkschichten von innen her an ihre Zellwand abzulagern und somit eine neue Haut um die Wurzel zu bilden, die nun freilich für Wasser schwer durchlässig ist.

Im Zentralzylinder erkennt man leicht Gefäße und Siebröhren, die in Gruppen von *Gefäßteilen* und *Siebteilen* zusammengefaßt sind. Ihre Anordnung ist indes eine andere als im Sproß. Dort fanden wir immer einen nach innen schauenden Gefäßteil mit einem nach außen schauenden Siebteil zu einem Leitbündel vereinigt, hier bei der Wurzel gibt es keine Leitbündel, sondern nur einzelne Gefäß- und Siebteile, und diese liegen *nebeneinander* (Abb. 49). Die äußerste Schicht des Zentralzylinders, noch außerhalb der Leitbahnen, besteht in der Regel aus einer einzigen Zelllage, dem *Perizyklus*, der dadurch ausgezeichnet ist, daß in ihm, und zwar stets vor den Gefäßen, die Seitenwurzeln angelegt werden. Auch die innerste Lage der Rinde hat übrigens eine besondere Struktur und deshalb auch einen besonderen Namen erhalten *(Endodermis)*; ihre Zellen lagern nämlich in ihrer Membran Korkstoff ab und bilden so eine geschlossene undurchlässige Scheide, eine Art von „innerer Haut" um den Zentralzylinder, in der aber einzelne Zellen *unverkorkt* bleiben und so eine gewisse Durchlässigkeit der Schicht erhalten.

Auch die Wurzel zeigt ein sekundäres Dickenwachstum, das von einem Kambium ausgeht. Dieses erzeugt nach innen einen geschlossenen Holzring, nach außen einen Bastkörper, die beide mit den gleichnamigen Elementen des Stammes übereinstimmen.

Die Leistungen der Wurzel sind von viererlei Art: sie befestigt den Baum im Boden, sie nimmt Wasser und sie nimmt Nährsalze aus diesem auf, und sie beteiligt sich an der Stoffspeicherung des Baumes.

Die Festigkeit der Einfügung des Baumes in den Boden wird vor allem durch die reiche Verzweigung der Wurzel bedingt. Wäre nur eine einzige unverzweigte Hauptwurzel vorhanden, so müßte diese, wenigstens in lockerem Boden, wie ein Pfahl unter der Last der oberirdischen Teile immer tiefer in den Boden einsinken, und sie müßte unter dem Einfluß ungleicher Belastung, vor allem auch unter der Wirkung des Windes, sich bald lockern. So wie man einen hohen Mast durch schräg ausgespannte Drähte oder Seile stabil macht, so müssen die Seitenwurzeln den Baum befestigen, zumal auch sie wieder durch Seitenwurzeln höheren Grades an Ort und Stelle fixiert sind. Wie im Stamm, so werden auch in der Wurzel vor allem sklerenchymatische Fasern zur Festigung verwendet, die namentlich im Holzkörper, manchmal aber auch im Bast sich finden, aber nie in der Rinde auftreten. Je tiefer sich das Wurzelsystem im Boden verankert, desto besser kann es diese seine festigende Funktion ausüben; flachwurzelige Bäume, wie die Fichte, werden leicht mit dem ganzen Wurzelsystem im Sturm umgeworfen, tiefwurzelnde wie die Eiche brechen eher im Stamm, als daß ihre Wurzel nachgäbe.

Daß die Wurzel Wasser aufnimmt, ja, daß sie bei den meisten Pflanzen *das* Wasseraufnahmeorgan ist, bedarf keines eingehenden Beweises; lehrt doch die Erfahrung des Alltags, daß die Pflanze, solange sie mit ihrer Wurzel in Verbindung steht, gut gedeiht, nach Abtrennung von ihr aber rasch verwelkt und verdorrt. Wenn sie demnach das notwendige Wasser aus dem *Boden* bezieht, so müssen wir über dessen Struktur und Wassergehalt zunächst berichten. Der Boden besteht aus Gesteinstrümmern einerseits und andererseits den sogenannten Humussubstanzen, die von den Überresten pflanzlicher und tierischer Organe abstammen. Zwischen diesen festen Partikelchen finden sich reichlich Lücken, die mit Luft erfüllt sein können. Fällt auf einen solchen porösen Boden Wasser etwa in Gestalt von Regen, so wird es, die Luft verdrängend, eindringen. Aber bald schon wird es in die Tiefe sinken und wenigstens in den höheren Schichten wieder Luft eintreten lassen. Diese ist denn auch für das Gedeihen der Wurzel im allgemeinen von größter Wichtigkeit; nur wenige Pflanzen können in luftfreiem Boden leben. Aber nicht alles eingedrungene Wasser versinkt, ein Teil bleibt in den kleinen Spalten und Lücken zwischen den Bodenteilchen „kapillar" hängen, umgibt diese auch durch „Adhäsion" völlig oder dringt gar, wenn es quellbare Teilchen sind (Humus, Ton), in diese ein und läßt sie aufschwellen. Die Menge des so im Boden festgehaltenen Wassers hängt einmal von der chemischen Beschaffenheit, dann von der Größe der Körnchen ab. In der nachfolgenden Tabelle ist die „Wasserkapazität" verschiedener Böden in Prozenten, bezogen auf das Bodenvolumen, angegeben:

Humus	55 %		Ton	53 %
Quarz, Körnchengröße mm			0,01—0,07	35 %
,,	,,	,,	0,11—0,17	6 %
,,	,,	,,	0,25—0,50	4,4 %
,,	,,	,,	1—2	3,7 %

Dieses Wasser kann nun dem Boden einerseits durch die Wurzel, andererseits durch die trockene Luft entzogen werden. Je weiter diese Abgabe fortschreitet, desto stärker wird der Rest festgehalten.

Ein sehr einfacher Apparat, das *Potetometer* (Abb. 50) kann die Wasseraufnahme der Wurzel zur Anschauung bringen. Werden abgeschnittene Weidenzweige in Wasser gestellt, so treiben sie in wenigen Tagen Wurzeln. Schließt man nun den mit Wurzeln besetzten Teil der Stämme in ein möglichst kleines Glasgefäß, das seitlich in eine Glaskapillare ausgeht, luftdicht ein und füllt Gefäß und Kapillare mit Wasser, so macht sich die Wasser-

Abb. 50.
Potetometer.
Schema.

aufnahme der Wurzel durch ein Verschwinden des Wassers in der Kapillare bemerkbar. Es ist zweckmäßig, die Schnittfläche unten am Zweig vorher in passender Weise zu verschließen, damit nicht *sie* etwa für die Wasseraufnahme verantwortlich gemacht werden kann; wissen wir doch, daß eine solche tatsächlich auch durch Schnittflächen des Holzkörpers vor sich geht. Mit dem kleinen Apparat kann man aber nicht nur feststellen, *daß* die Wurzel Wasser aufnimmt, sondern auch messen *wieviel*, wenn an der Kapillare ein Maßstab angebracht ist. Wie nicht anders zu erwarten, sind große Schwankungen zu bemerken: Wenn die Blätter stark transpirieren, ist die Aufnahme groß, und wenn ihre Transpiration unterbunden wird, kann die Aufnahme durch die Wurzel bis auf Null sinken. Selbstverständlich müssen es die Oberflächenzellen der Wurzel sein, die zunächst das Wasser aufnehmen. Diese aber haben nicht überall den gleichen Bau. Nur in beschränkter Ausdehnung sind sie mit Wurzelhaaren besetzt, die an den älteren Teilen schon wieder abgestorben, an den jüngeren noch nicht ausgebildet sind. Diese Wurzelhaare hat man nun schon lange als die hauptsächlichsten Aufnahmeorgane für das Bodenwasser betrachtet und hat darauf hingewiesen, daß ja die durch die Haare stark vergrößerte Oberfläche einer solchen Funktion sehr entgegenkommen muß. Aus neueren Untersuchungen geht jedenfalls mit Sicherheit hervor, daß nicht nur die Haarregion, sondern alle jungen Teile der Wurzel Wasser aufnehmen können, und es ist keineswegs eindeutig festgelegt, daß etwa ein Maximum der Wasseraufnahme in der Haarregion liegt. Im übrigen zeigt ja schon die Tatsache, auf die wir alsbald zurückkommen werden (S. 89), daß gerade unsere Waldbäume meistens überhaupt keine Wurzelhaare besitzen, deutlich genug, daß diese Haare nicht etwa als spezifische Organe der Wasseraufnahme betrachtet werden dürfen.

Im allgemeinen werden jedenfalls *lebende* Zellen mit leicht durchlässiger Außenwand als Wasseraufnahmeorgane dienen. Genau wie in den transpirierenden Parenchymzellen der Blätter entsteht auch in ihnen eine Saugkraft — durch Abnahme der Wandspannung bei unvollkommener Wassersättigung. Saugkräfte, und zwar nach innen zu an Größe zunehmend, lassen sich aber auch in der Wurzelrinde nachweisen, und somit muß das von der Epidermis aufgenommene Wasser in der Richtung dieses Saugkraftgefälles,

d. h. radial nach innen strömen. Hätten nun auch die Gefäße eine gleiche, osmotisch bedingte Saugkraft, so könnten sie aus der Rinde, wie diese aus der Epidermis, und wie diese aus dem Boden Wasser schöpfen. Allein die Gefäße haben ja weder Protoplasma noch Zellsaft, sondern sie sind mit Wasser erfüllte tote Röhren. Wir hörten indes, daß die Saugkraft der Blätter in den zusammenhängenden Wasserfäden der Gefäße nach unten

Abb. 51.
Wurzeldruckversuch
Nach *Noll*

weitergegeben wird, und somit muß diese auf die innersten Rindenzellen der Wurzel einwirken. Doch es zeigt sich, daß auch ohne darüberliegende transpirierende Sprosse die Gefäße mit Wasser gefüllt werden. Die Parenchymzellen nämlich, die sie unmittelbar umgeben, haben eine uns noch unbekannte Eigenschaft, *sie scheiden Wasser aus und pressen es* wie Druckpumpen *in den Hohlraum der Gefäße hinein.* Dementsprechend sieht man an Wurzeln, deren Sproß abgeschnitten ist, wenigstens unter günstigen Umständen, d. h. vor allem bei guter Wasserversorgung des Bodens und hoher Temperatur, ständig Wasser austreten. Setzt man am Wurzelstumpf eine Glasröhre auf, so steigt in ihr das Wasser bis zu beträchtlicher Höhe auf. Aus der Höhe kann man auf den Druck schließen, mit dem es einseitig in die Röhren hineingepreßt wird. Man gibt zu dem Zwecke dem Steigrohr freilich besser eine andere Form (Abb. 51) und füllt es auf der einen Seite statt mit Wasser mit Quecksilber. Man hat so nicht selten Drucke von $^1/_3$ bis $^1/_2$ Atmosphären, bei gewissen Bäumen auch Werte von *über* Atmosphärenhöhe gemessen. Da der Druck in der Wurzel seinen Sitz hat, nennt man ihn „*Wurzeldruck*".

Im Frühjahr, solange die Bäume noch unbelaubt sind, ist der Wurzeldruck sehr leicht nachweisbar und erstreckt sich hoch in den Stamm hinauf. Es genügt, bei der Birke oder bei der Rebe irgendwo eine bis in den Holzkörper reichende Wunde zu setzen, und alsbald sieht man einen Strom von Flüssigkeit entspringen — man nennt die Erscheinung „*Tränen*" oder auch „*Bluten*" der Bäume. Bei Kräutern macht sich der Wurzeldruck sogar im belaubten Zustand bemerkbar. Wenn in feuchtwarmen Nächten die Transpiration völlig eingestellt ist, steht das Wasser der Gefäße unter positivem Druck und tritt an vorgebildeten Stellen, an den Spitzen oder an den Zähnen der Blätter in Form von Tropfen aus. Mit Einsetzen der Transpiration freilich verschwindet der positive Druck in den Gefäßen und macht später, wie wir gehört haben, sogar negativem Druck Platz. Wird in diesem Zustand ein Kraut oder ein Baum abgeschnitten, dann ist freilich von einem Bluten keine Rede, vielmehr saugt die Schnittfläche aufgesetztes Wasser gierig auf.

Die Gefäßbahnen der Wurzel setzen sich in die des Stammes fort. Wie aber dann im Stamm das Wasser bis in die Krone gehoben wird, haben wir gehört (S. 67).

Der Boden liefert der Pflanze nicht nur Wasser, er hat sie auch mit *Nährsalzen* zu versehen. Für unsere landwirtschaftlichen Kulturpflanzen ist das Bedürfnis nach Nährsalzen bekannt genug. Jeder Landwirt weiß, daß er ohne „Düngung" keinen Ertrag erzielt, bei der Düngung aber werden gewisse Verbindungen des Stickstoffs, des Schwefels und Phosphors sowie der Metalle Kalium, Kalzium, Magnesium und Eisen in den Boden gebracht, sei es, daß diese wie bei der „natürlichen" Düngung in den Abfallstoffen der Tiere und Menschen enthalten sind, sei es, daß sie bei der „künstlichen" Düngung in reinen anorganischen Verbindungen geboten werden. Daß auch die Bäume ein Bedürfnis nach solchen Stoffen haben, sieht der Laie nicht, denn in der Forstwirtschaft ist Düngung nicht üblich und nicht nötig. Allein die Bäume haben die Nährsalze genau so notwendig wie unsere Feldfrüchte, nur kommen sie mit geringeren Mengen von ihnen aus. Man sieht das ohne weiteres, wenn man den Baum in nährsalzarmem Sand, etwa in reinem Quarz, erzieht und nur mit destilliertem Wasser begießt: er kümmert, und erst nach Zusatz jener Stoffe fängt er an zu gedeihen. Man kann auch durch „Wasserkultur", d. h. in Kulturen in wäßrigen Lösungen, das Mineralstoffbedürfnis der Bäume in derselben Weise dartun, wie das für unsere Feldpflanzen geschehen ist.

In der Natur nimmt die Wurzel einmal aus den mineralischen Bodenteilen Nährsalze auf. Diese lösen sich etwas im Bodenwasser, so daß dieses immer eine freilich nur sehr verdünnte

Nährlösung vorstellt. Die Kohlensäure, die im Boden reichlich vorhanden ist und ihren Ursprung einerseits den Wurzeln, andererseits den Bakterien und Pilzen verdankt, ist dann weiter an der Lösung der Gesteinstrümmer beteiligt. Endlich wirkt in diesem Sinne auch noch die Wurzel durch Ausscheidung organischer Säuren oder saurer Salze. Eine zweite Quelle für Nährsalze stellen dann die Überreste der Bäume, die auf und in den Boden gelangen, dar, die Blätter, abfallende Äste und Wurzeln, die zugrunde gehen, und deren organische Substanz den Bakterien und Pilzen zur Nahrung dient. Die Reste werden dabei langsam in Humus übergeführt, eine chemisch wenig bestimmte Substanz, die dem Kulturboden die braune oder schwarze Farbe gibt. Die Nährsalze, die in ihm enthalten sind, werden entweder direkt oder erst nach Übergang in Pilze den Wurzeln zur Verfügung gestellt (vgl. S. 89) Der Stickstoff findet sich im Humus etwa zu 1,5 bis 3 %, doch tritt er nur zum geringsten Teil in Form von Ammoniak und Salpetersäure auf, die der höheren Pflanze als Stickstoffquelle dienen; sein größter Teil findet sich in *organischer* Bindung und ist so den meisten Pflanzen ganz unzugänglich. Sicher ist, daß diese Verbindungen durch Bakterien in Ammoniak übergeführt werden, das dann seinerseits durch die Tätigkeit anderer Bakterien in Salpetersäure verwandelt wird. Ob aber auch die Mykorrhizapilze den organisch gebundenen Stickstoff verwerten können, ist noch ganz fraglich.

Für die Aufnahme der Nährsalze sind die Wurzelhaare ohne Zweifel ganz besonders wichtig. Sie verwachsen nämlich mit der Oberfläche der kleinsten Bodenteilchen (Abb. 49) und können so besser chemisch auf sie einwirken, sie kommen ferner durch ihre vergrößerte Oberfläche mit mehr Bodenteilchen in Verbindung, als eine haarlose Epidermis das vermöchte. Allein wir haben schon angedeutet, daß gar nicht alle Bäume Wurzelhaare entwickeln. Von Waldbäumen finden wir sie z. B. beim Ahorn und bei der Schwarzkiefer, aber die Mehrzahl zeigt sie nicht, weil an der Oberfläche der Wurzel eine Hülle von Pilzen gegeben ist, die jeden direkten Verkehr mit dem Boden unmöglich macht.

Von den Pilzen kennt der Laie vor allem die giftigen Hutpilze, wie z. B. den Fliegenpilz, oder die eßbaren, wie den Steinpilz, und es sind ihm nur deren Fruchtkörper, eben die „Hüte" bekannt, die auf ihrer Unterseite in einer für die einzelnen Gattungen bezeich-

nenden Weise die winzigen kleinen Fortpflanzungszellen (Sporen)
tragen. Daß aber von diesen Hüten Stränge ausgehen, die weithin die Erde durchziehen und in immer feinere Zweige sich auf-
lösen, von denen die letzten nur mit dem Mikroskop zu erkennen
sind, das wissen nicht viele. In der Wissenschaft sind diese Stränge
als „Pilzmyzelien" bekannt, und sie sind es, die die Wurzeln

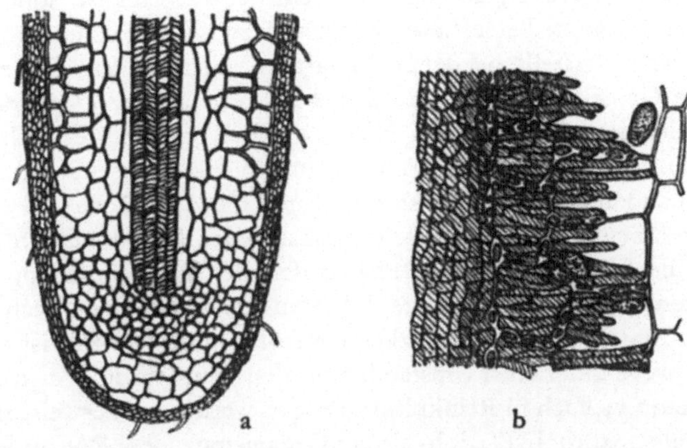

Abb. 52. Pilzwurzel der Kiefer. a) Längsschnitt durch die Wurzelspitze,
die vom Pilz ganz eingehüllt ist. b) Ein Stück der Rinde stärker vergrößert.
Nach W. *Magnus*.

unserer Waldbäume umspinnen und mit ihnen zusammen die
„Pilzwurzel" *(Mykorhiza)* bilden.

Die vom Pilz befallene Wurzel sieht anders aus als die pilzfreie.
Sie ist reichlich verzweigt, dicklich, wächst wenig in die Länge
und geht im Herbst zugrunde, um im Frühjahr neu gebildet zu
werden. Einen Längsschnitt der Spitze einer „Pilzwurzel" der
Kiefer zeigt Abb. 52a. Außerhalb der Epidermis sitzt ein par-
enchymähnliches Pilzgewebe aus etwa 4 bis 5 Zellagen, und von
diesen strahlen Zweige einerseits ins Substrat, andererseits in die
Interzellularen zwischen der Epidermis und der darunterliegenden
Zellschicht (Abb. 52b); nur selten dringen die Enden dieser Pilz-
zellen auch *in* die lebenden Wurzelzellen ein. Es gibt freilich eine
andere Form der Pilzwurzel, bei der die Pilze völlig im Inneren
der Zellen leben und hier schließlich gelöst, verdaut werden. Doch
diese Form, die bei Kräutern und Stauden sehr häufig ist und bei

den Orchideen eine besonders wichtige Rolle spielt, fehlt den Bäumen fast ganz, so daß wir von ihrer näheren Besprechung hier absehen wollen.

Das regelmäßige Vorkommen der Pilzwurzel bei den Waldbäumen im Zusammenhang mit der Erfahrung, daß die Bäume dabei durchaus gut gedeihen, hat schon vor langer Zeit zu der Vermutung geführt, daß der Pilz kein Schmarotzer ist, sondern daß die Pilzwurzel eine *Lebensgemeinschaft* zwischen Pilz und höherer Pflanze darstellt, bei der beide Partner Vorteil finden. Für eine solche Gemeinschaft hat man den Ausdruck „*Symbiose*" geprägt, doch ist sie nur in wenigen Fällen wirklich einwandfrei nachgewiesen. Dazu ist notwendig, daß man den Pilz einerseits und den Baum andererseits für sich kultiviert und die Ansprüche und Leistungen beider Partner feststellt. Es ist in der Tat durchaus möglich, die Bäume auch ohne Pilz in der gleichen Nährlösung zu züchten, in der auch andere Pflanzen gedeihen, oder auch in einem Boden, in dem die Pilzkeime getötet sind. Der Pilz ist also keineswegs unter allen Umständen für den Baum nötig. Auch der Pilz kann vielfach in Reinkultur gezogen werden und erweist sich dann als „Saprophyt", d. h. als ein Organismus, dem Zucker von außen zugeführt werden muß, da er ihn nicht selbst bilden kann. Nach Trennung der beiden „Symbionten" ist es dann endlich auch gelungen, die Pilzwurzel durch ihre Wiedervereinigung („synthetisch") von neuem herzustellen.

Doch damit ist eine Einsicht in das Wesen der Symbiose noch keineswegs gewonnen. Was wir wissen, ist folgendes: Die Pilzwurzel wird von zahlreichen unserer Hutpilze, wie z. B. Steinpilz und anderen Boletus-Arten, ferner vom Fliegenpilz, Reizker u. a. sowie auch von einigen Bauchpilzen gebildet. Manche von ihnen sind auf ganz bestimmte Bäume beschränkt, andere befallen ganz verschiedene Arten, oft kommen mehrere Pilzarten auf der Wurzel *einer* Baumart vor. Obwohl man sie in künstlicher Kultur auf Nährlösungen als Saprophyten ziehen kann, können sie doch ihre volle Entwicklung bis zur Hutbildung anscheinend nur auf einer *Wurzel* erlangen. Somit besteht kein Zweifel, daß der Pilz sich im wesentlichen wie ein Parasit verhält und aus dem Baum wichtige Nahrung, vor allem Zucker, erhält. Sehr viel schwieriger ist die Frage zu entscheiden, ob auch der Baum Nutzen von dem

Zusammenleben mit dem Pilz hat. Wahrscheinlich kann diese Frage nicht in allen Fällen gleich beantwortet werden. So gedeihen z. B. unsere Nadelhölzer in saurem Humus (S. 133) nur dann, wenn sie eine Mykorhiza bilden können. Eine Zeitlang glaubte man nun, daß in diesen Böden der Stickstoff nur in einer Form gegeben sei, die zwar für die Pilze, aber nicht für Bäume nutzbar sei. Allein diese Auffassung mußte wieder aufgegeben werden, nachdem sich gezeigt hatte, daß dem Pilz mit dem Stickstoff des Rohhumus keineswegs gedient ist, so daß auch er durchaus Ammoniak nötig hat. So kann man nur vermuten, daß den Pilzen die Fähigkeit zukommt, den in geringeren Mengen in solchen Böden vorkommenden mineralischen Stickstoff besonders lebhaft aufzunehmen und ihn der Wurzel zur Verfügung zu stellen. Sie können das, weil ihr Absorptionssystem ungleich ausgedehnter ist als das der Wurzel.

Es gibt aber auch völlig anders gelagerte Fälle. Die Buche z. B. braucht, wenn man sie in Wasserkultur hält — ohne Pilz —, ausgesprochen saure Reaktion. In der Natur aber gedeiht sie in sehr sauren Böden wenig, dagegen in neutralen oder schwach alkalischen recht gut. Und in diesen letzteren trägt sie regelmäßig einen Pilzmantel, der sich aus mehreren Pilzarten aufbaut. Wie es scheint, stellen einige von diesen die saure Reaktion, die für die Buche nötig ist, auch im alkalischen Boden her.

Zum Schluß wäre noch kurz zu erwähnen, daß die Wurzel sich auch an der Speichertätigkeit des Baumes beteiligt. Wie im Stamm sind die Parenchymzellen die Speicherorgane, vor allem für Stärke, Eiweiß und Fett.

VI. Fortpflanzung

Früher oder später im Leben des Baumes kommt der Moment, wo aus den Knospen nicht nur Laubsprosse hervorgehen, sondern auch Blüten, die mit der Ausbildung von Samen und Früchten ihr Leben abschließen. Die ungeheure Mannigfaltigkeit, die in der Ausbildung dieser Fortpflanzungsorgane herrscht, die weit hinausgeht über die Vielgestaltigkeit des Laubsprosses, kann hier auch nicht andeutungsweise geschildert werden. Wir müssen uns begnügen, zwei ziemlich extreme Beispiele vorzuführen, und wir beginnen wieder mit der Fichte, die uns auch im Kapitel über die Architektur des Baumes geleitet hat. Im Bestandesschluß beginnt die Fichte unter normalen Verhältnissen nicht vor dem 60. bis 70. Jahr mit der Ausbildung von Blüten und erzeugt solche dann meist nur alle 3 bis 5 Jahre; entsprechend hat sie auch in denselben Abständen sogenannte „Samenjahre". — Sie erzeugt zweierlei Blüten, männliche und weibliche, beide in Gestalt von Zapfen. Daß diese als „Sprosse" zu bezeichnen sind, wird niemand bezweifeln; es sind eben Sprosse, die im Dienst ihrer besonderen Funktion gegenüber den Laubsprossen verändert erscheinen.

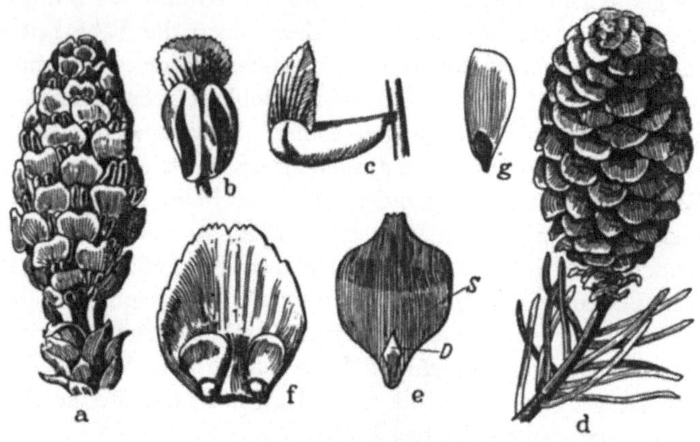

Abb. 53. Blüten der Fichte. a) Männliche Blüte. b) Einzelnes Staubblatt, von unten gesehen. c) Dasselbe von der Seite. d) Weibliche Blüte. e) Deckschuppe (*D*) und Samenschuppe (*S*) von außen. f) Samenschuppe von innen mit zwei Samenanlagen. g) Same. Nach *Fr. Schwarz*, verändert.

Die männlichen Zapfen (Abb. 53a) brechen etwa gleichzeitig mit den Laubknospen aus Seitenknospen und auch aus Endknospen vorjähriger Zweige hervor. Sie bestehen aus zahlreichen Schuppenblättern von roter Farbe, die schraubig an ihrer Achse stehen. Auf der Unterseite (Abb. 53b) besitzen sie zwei Säcke, die sich durch Längsspalten öffnen und gelben Blütenstaub in großer Menge austreten lassen; er wird dann vom Wind weithin verschleppt. Die weiblichen Zapfen (Abb. 53d) sind größer als die männlichen und gehen überwiegend aus Endknospen der Zweige hervor. Sie stehen anfangs aufrecht und tragen in der Achsel ihrer kleinen Schuppen nochmals Schuppen (Abb. 53e), die als Samenschuppen bezeichnet werden, weil sie ganz unten auf ihrer

Oberseite zwei „Samenanlagen" (Abb. 53 f) vorfinden. Diese haben
einen komplizierten Bau und bergen in ihrem Innern eine Eizelle,
die sich erst nach der Befruchtung zu der jungen Fichtenpflanze,
dem „Embryo" ausbildet. Die Befruchtung aber vollzieht sich
in folgender Weise: zunächst sammeln sich die Zellen des Blüten-
staubes, die „Pollenkörner", in einem ausgeschiedenen Flüssig-
keitstropfen der Samenanlage und keimen hier zu einem langen
Schlauch aus, dessen Aufgabe es ist, ins Innere der Samenanlage
vorzudringen und einen Zellkern, den männlichen Kern, mitzu-
nehmen. Schließlich tritt dieser Kern aus der Spitze des Schlauches
aus, dringt in die Eizelle ein und verschmilzt mit ihr. Der Ver-
schmelzungsakt dieser zwei Kerne ist die Befruchtung. Während
der Embryo heranreift, vergrößert sich die Samenanlage und bildet
sich zum Samen um (Abb. 53 g). Der reife Samen aber löst sich
von der Samenschuppe ab und kann mit Hilfe eines flügelartigen
Anhängsels vom Wind weit weggetragen werden. Im nächsten
Frühjahr keimt der Samen, d.h. der Embryo in ihm tritt heraus
und entwickelt sich zu einer neuen Fichte.

Als zweites Beispiel betrachten wir einen Baum, der uns bisher
noch nicht beschäftigt hat, der aber eine große Rolle im Garten-
bau spielt, die Birne. Auch die Birne trägt in ihrer Jugend nur
Laubsprosse und entwickelt erst nach 6 bis 7 Jahren Blüten und
Früchte. Betrachtet man im Winter einen Zweig des blühfähigen
Baumes, so wird er so aussehen wie Abb. 57. Man erkennt einen
Langtrieb, dessen Ende im letzten Jahre entstanden ist und Knospen trägt, die zumeist kleiner und schlanker erscheinen als die
weiter hinten an Kurztrieben sitzenden. Die letzteren sind Blütenknospen, die ersteren überwiegend Laubknospen. Beide entfalten
sich etwa gleichzeitig, Ende April oder Anfang Mai. Die Blütenknospen bergen aber nicht etwa eine einzelne Blüte, sondern einen
ganzen Blütenstand (Abb. 54). Dieser beginnt unten mit einigen
Laubblättern und erzeugt dann eine Traube von gestielten Blüten.
Sie haben eine andere Gestalt als die Zapfen der Nadelhölzer und
sind nicht so leicht als umgebildete Sprosse zu erkennen wie diese.
Ihre äußeren Teile, die fünf grünen Kelchblätter und mit ihnen
abwechselnd die fünf weißen Blütenblätter, zeigen freilich ganz
zweifelsfrei ihre Blattnatur. Es folgen auf sie etwa zwanzig Staubgefäße, deren jedes auf einem Stiel eine rote Anthere trägt. Die

letztere erinnert stark an den pollenbergenden Sack der männlichen Fichtenblüte, denn sie bildet in ihrem Inneren Pollenkörner. In der Tat muß das Staubgefäß auch als Blatt aufgefaßt werden, das sich unter dem Einfluß der Pollensäcke umgebildet hat.

Während die Fichte eingeschlechtige Blüten trägt, hat die Birne zweigeschlechtige, denn im Zentrum jeder Blüte folgen auf die

Abb. 54. Blühender Zweig der Birne.

Staubgefäße Organe, die man als weibliche betrachten muß. Sie sind freilich bei unserem Objekt kaum als Blätter zu erkennen. Doch gelten sie auf Grund vergleichender Betrachtungen als solche.

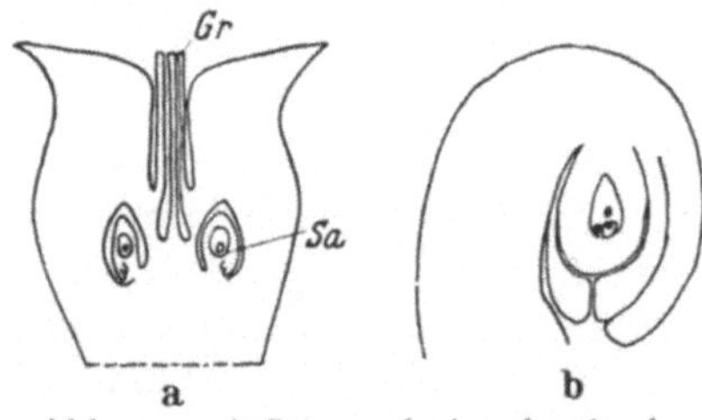

Abb. 55. a) Längsschnitt durch den Fruchtknoten des Apfels. *Gr* Griffel. *Sa* Samenanlage. b) Längsschnitt durch eine Samenanlage. Nach *Kobel*.

Sie bestehen zunächst aus fünf fadenförmigen Griffeln, deren oberstes Ende klebrig ist und die Pollenkörner auffängt. Die Griffel sitzen auf einer Anschwellung, die unterhalb des Kelches als Verlängerung des Stieles erscheint, dem „Fruchtknoten". Macht man einen Querschnitt durch diesen, so zeigen sich fünf Fächer, deren jedes zwei Samenanlagen birgt, also Organe, ähnlich wie die der Fichte, doch hier eingeschlossen im Fruchtknoten. Die Abb. 55

94

stellt einen Längsschnitt durch einen Fruchtknoten dar. In jedem
der Fächer ist eine Samenknospe getroffen, an der man innerhalb
einer doppelten Hülle einen zentralen Teil erkennt. In ihm
ist in einer besonders großen Zelle die Eizelle eingeschlossen.
Der Schlauch, der sich auch hier aus dem Pollenkorn entwickelt, hat einen weiten Weg im Gewebe des Griffels und
des Fruchtknotens zurückzulegen, wenn er den männlichen Kern
zur Eizelle in der Samenanlage führen soll. Tatsächlich erfolgt
auch hier eine Befruchtung, und aus der befruchteten Eizelle entsteht eine junge Pflanze, der Embryo; die Samenanlage wird
darauf zum Samen. Aber der Same ist hier eingeschlossen im
Fruchtknoten, der zur Frucht heranreift. Die Frucht ist die genieß-
bare Birne, die in ihrem Innern eine Anzahl von schwarzen Samen
führt. Man nennt die Blütenpflanzen wie die Birne bedecktsamige,
weil eben die Samen in der geschilderten Weise eingeschlossen
sind in der Frucht. Die Fichte dagegen ist eine „nacktsamige
Pflanze". In Wirklichkeit sind die Unterschiede zwischen den
beiden Pflanzen viel größere und tiefere, so daß ihre Verwandtschaft keineswegs eine große ist. Es würde den Rahmen dieses
Büchleins sprengen, wollten wir das näher ausführen. Wir wollen
nur noch betonen, daß der Samen unserer beiden Pflanzen nicht
nur aus dem Embryo und einer äußeren Hülle, der Samenschale,
besteht, sondern daß er außerdem noch die gleichen Reservestoffe
birgt, die wir im Stamm gefunden haben, denn so wie die Knospen
im Frühjahr, so muß auch der keimende Samen solche Stoffe dem
wachsenden Embryo zu seiner Entwicklung zur Verfügung
stellen, solange die junge Pflanze noch nicht selbständig lebt und
eigene Assimilate aufbaut. Wie die Knospen können sich dementsprechend auch die Keimpflanzen eine Zeitlang im Dunkeln
entwickeln, wobei sie ähnliche Etiolementerscheinungen zeigen
wie diese (S. 43). Zur Ausbildung von Samen und Früchten bedarf der Baum einer großen Menge von Assimilaten. Insbesondere
bei solchen Bäumen, die nur alle paar Jahre reichlich fruchten,
werden in solchen „Mastjahren" die Reservestoffe in ganz anderem Maße in Anspruch genommen als bei rein vegetativem Wachstum. Eine 100jährige blühreife Buche z. B. enthält 114 kg Kohlehydrate, von denen rund 20% für den Laubausbruch, das Höhen-
und Dickenwachstum dienen, 45% aber bei der Bildung von

Blüten und Früchten verbraucht werden. Somit bleibt aber auch im Mastjahr ein Rest von 35%, der völlig genügt, um im nächsten Jahr alle vegetativen Wachstumsprozesse zu gewährleisten.

Die Blütenbildung ist, wie wir hörten, im allgemeinen an ein bestimmtes Alter geknüpft, das bei den einzelnen Bäumen verschieden ist. Für freistehende Exemplare wird das Blühalter wie folgt angegeben: Lärche 10 bis 15, Kiefer 15 bis 20, Fichte 30 bis 50, Ahorn 40, Eiche 40, Buche 40 bis 50 Jahre. Aber es gibt überall Ausnahmen von der Regel, so kann die Fichte auf magerem Boden schon im 15. Jahre Zapfen tragen, die dann freilich keine Samen erzeugen, und die Eiche kann ausnahmsweise im ersten Jahr blühen, fruchten und dann gleich absterben. Bei im Bestandesschluß erwachsenen Bäumen erfolgt die Blütenbildung immer erheblich später als bei freiem Stand. Damit ist schon klar, daß nicht der Ablauf einer Anzahl von Jahren die Blütenbildung verursacht, sondern daß die „Erlebnisse" des Baumes, die Einwirkungen der Außenwelt diesen Erfolg haben. So wissen wir, daß das Licht die Blühreife fördern kann, insbesondere soweit es auf eine Vermehrung der Assimilate, der Kohlehydrate hinwirkt. Aber auch eine durch ganz andere Mittel herbeigeführte Stauung des Zuckers (z. B. durch einen Rindenringelschnitt) kann im gleichen Sinne wirken. Hohe Temperatur setzt die Blühfähigkeit des Baumes herab und ebenso eine reichliche Zufuhr von Nährsalzen, insbesondere von Stickstoff. Hemmung der Salzaufnahme aus dem Boden durch Kappung der Wurzeln kann also blütenfördernd wirken. Vor allem aber sind wieder Korrelationen von größter Bedeutung: es besteht ein gewisser Gegensatz zwischen Lang- und Kurztrieb. Alles was auf die Bildung von Langtrieben hinwirkt, führt zu rein vegetativem Wachstum, also Laubsproßbildung, alles was auf Kurztriebbildung hinarbeitet, zu Blütenbildung. In der Praxis des Obstbaues besteht nun aber ein sehr großes Interesse an *frühzeitiger* Blüten- und Fruchtbildung. Es gibt zu diesem Zweck mehrere Methoden, die alle auf die Bildung von Kurztrieben hinzielen; wir nennen hier die *Pfropfung* und die *Spalierzucht*.

Die Pfropfung wird in erster Linie zur raschen Vermehrung einer Rasse unter Ausschluß von Samenbildung benutzt, und in diesem Zusammenhang kommen wir bald noch einmal auf sie zu

sprechen. Im Moment aber interessiert sie uns aus einem anderen
Grund. Bei der Pfropfung handelt es sich darum, einen knospen-
tragenden Teil einer Pflanze auf einer anderen zur Verwachsung
zu bringen. Diese andere Pflanze kann dabei von der gleichen Art
oder sogar von der gleichen Rasse sein, sie kann aber auch einer
anderen, oft nicht ganz nahestehenden Art angehören. Immerhin
sind durch die natürliche Verwandtschaft Grenzen gezogen, man
kann nicht beliebige Pflanzen durch Pfropfung vereinigen. Zur
Verwachsung müssen zwei frische
ebene Schnittflächen der beiden Partner fest aufeinandergepreßt werden
und muß Sorge getragen werden, daß
diese Wunde nicht austrocknet. Nicht
alle Gewebe haben in gleichem Grade
die Fähigkeit, miteinander zu verwachsen. Am besten ist das Kambium,
am schlechtesten der Holzkörper dazu
geeignet. Die Verwachsung wird erst
dann dauerhaft, wenn nicht nur die
parenchymatischen Zellen der Partner
sich vereinigt haben, sondern wenn
auch Gefäßanschlüsse von einem zum
andern hergestellt sind. Dann erst ist

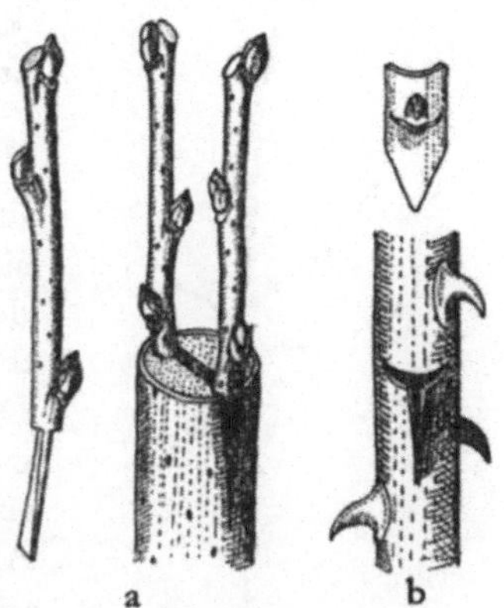

Abb. 56. a) Pfropfung.
b) Okulieren mit Schild.

die Pfropfung gelungen, das „Edelreis" ist auf der „Unterlage" an-
gewachsen und treibt aus. Die gärtnerische Praxis hat eine Un-
menge von verschiedenen Pfropfungsmethoden erdacht und mit
Namen benannt. Im Grunde kann man nur zwei unterscheiden:
das *Okulieren*, bei dem fast nur eine Knospe zur Verwachsung gebracht wird, und das eigentliche *Pfropfen*, bei dem ein ganzer
Zweig der Unterlage aufgesetzt wird. Eine Form des Okulierens,
das Okulieren mit dem Schild, zeigt die Abb. 56 b. Zur Zeit der
Kambialtätigkeit hebt man nach entsprechenden Einschnitten
ein schildförmiges Stück Rinde, das eine Knospe trägt, vom Reis
ab und bringt es unter die Rinde der Unterlage zur Verwachsung.
Von Pfropfmethoden ist das Pfropfen in die Seite in Abb. 56a
dargestellt, wobei das Reis einen langen Schrägschnitt nach unten
zu erhält, der in einen entsprechenden Ausschnitt der Unterlage genau passen muß, insbesondere so, daß Kambium auf Kambium stößt.

Reis und Unterlage werden durch die Verbindung innerlich nicht verändert, jedes wächst nach seiner Art weiter, aber es kann doch die Wachstumsintensität des Reises, wenn es auf eine langsam wachsende Unterlage gebracht wird, verringert werden: die Langtriebbildung wird gehemmt, die Kurztriebe und damit die Blüten nehmen zu. So erzielt man z. B. durch Aufpfropfung von Birnen auf Quitten als Unterlage oder von Äpfeln auf dem Paradiesapfel das sogenannte Zwergobst, kleine, früh fruchtende, aber freilich auch früh sterbende Bäumchen.

Wenden wir uns jetzt zur Spalierzucht!

Der natürliche Wuchs eines Baumes und das Schicksal seiner Knospen läßt sich, wie früher (S. 25) dargelegt wurde, durch Beschneiden der Zweige und durch Veränderung ihrer Lage verändern. Die Abb. 57 zeigt den Aufbau eines zweijährigen Triebes der Birne. Er unterscheidet sich nicht wesentlich vom Ahorn. Durch Vergleich mit dem vorjährigen Teil des Verzweigungssystems kann man erkennen, daß am diesjährigen Endtrieb die Endknospe und die hochstehenden Knospen sich zu Langtrieben entwickeln werden, während die Knospen in mittlerer Höhe nur Kurztrieben den Ursprung geben und die unteren ganz ruhen.

Abb. 57. Verzweigungssystem eines zweijährigen Birnentriebes. Nach *Voechting.*

Schneidet man aber bei a den Endtrieb durch, so werden die dem Schnitt benachbarten Knospen nun Langtriebe und die sonst ruhenden Knospen werden Kurztriebe bilden. Führen wir aber den Endtrieb aus seiner normalen senkrechten Lage in die waagerechte über, so entwickeln sich Endknospe und anschließende Knospen noch wie bisher, weiter rückwärts aber zeigt sich ein Unterschied zwischen der Oberseite und der Unterseite des Zweiges. Auf der Oberseite entstehen aus einer ganzen Anzahl von Knospen, die sonst nur Kurztriebe gebildet hätten, Langtriebe, auf der Unterseite erstrecken sich Kurztriebe von der Basis aus ein gutes Stück weit aufwärts. Dabei wird der eigentliche Endtrieb bald von den benachbarten Langtrieben überflügelt, und die Kurztriebe fangen an, Blüten und Früchte zu tragen. Auch eine schräge Lage, z. B. in einem Winkel von 45 Grad, wirkt schon ähnlich wie Horizontalstellung. Somit kann man durch diese Veränderung in der Lage die Fruchtbildung steigern, und das ist eines der Ziele der Formobstzucht. Ein zweites besteht darin, dem Baum eine Gestalt zu geben, die ihm auf kleinem Raum zu wachsen erlaubt, einmal weil im Garten der Platz beschränkt ist, zweitens weil man in nördlichen Klimaten das Obst gern angelehnt an eine Wand als „*Spalier*" zieht, wo die Sonnenstrahlung gesteigert, die Temperatur erhöht und der Wind vermindert ist.

Endlich kommen noch ästhetische Gesichtspunkte in Betracht, der Baum soll einen Wuchs zeigen, den der Gärtner wünscht, nicht den, den die Natur bildet. Damit ist gesagt, daß einerseits in der Formzucht des Obstes praktisch wichtige Gesichtspunkte, andererseits oft auch Spielereien herrschen.

Sehen wir zu, wie der Züchter eine Spalierbirne erzieht. In der Regel wird er eine Birne wählen,

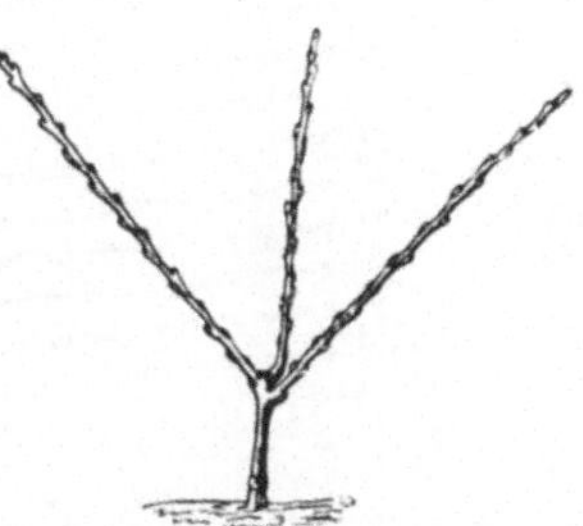

Abb. 58. Junges Birnenspalier. Nach *Voechting*.

die auf Quitte veredelt ist, weil schon dadurch ein geringeres Wachstum bedingt ist, das Voraussetzung für alle Spaliere ist. Etwas unterhalb der Höhe, in der man die ersten Seitenzweige zu haben wünscht, wird die Hauptachse durchschnitten. Der aus der höchststehenden Knospe entwickelte Trieb soll die Hauptachse fortführen und wird dementsprechend in senkrechter Lage befestigt. Die beiden nächsten Sprosse sollen rechts und links stehen und sind für das unterste Paar von Seitenzweigen bestimmt. Man befestigt sie zunächst in einer schräg nach oben weisenden Lage (Abb. 58). Alle anderen Triebe werden entfernt. — Im zweiten Jahre wird der Haupttrieb auf eine Länge von etwa 25 cm zurückgeschnitten, und an seinem Ende dürfen sich wieder drei starke Triebe entfalten, die in der gleichen Weise verwendet werden wie im ersten Jahr. In dieser Weise geht es Jahr für Jahr fort, bis der Baum die nötige Anzahl von

Seitenzweigen besitzt. Daraufhin wird der Endtrieb ganz entfernt,
und alle Seitenzweige werden in die Horizontale übergeführt. Es ergibt sich ein streng in einer Ebene ausgebildeter Formbaum von
der in Abb. 59 dargestellten Gestalt, die „Palmette", bei der übrigens nicht nur der Hauptstamm, sondern auch die Zweige künstlich sympodial aufgebaut worden sind. Zweifellos erscheint sie
als in hohem Grade gekünstelt, weil völlig unnatürlich, doch bietet
sie dem Züchter große Vorteile. Der Baum ist der Wand, an der
er wächst, angeschmiegt, und seine durchweg waagerechten
Zweige tragen üppig Blüten und Früchte. Aber er hat seine Natur

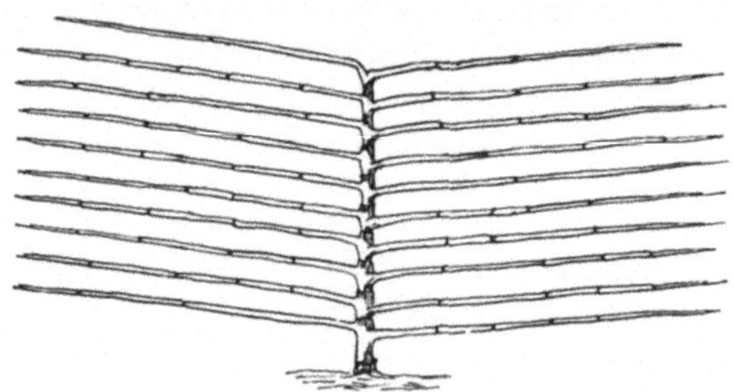

Abb. 59. Palmette. Gerüst. Nach *Voechting*.

nicht verändert und wird ohne beständige Beaufsichtigung bald
seine Gestalt verlieren. Namentlich die obersten Zweige sind
durch ihre Lage begünstigt und neigen dazu, vertikale Langtriebe
zu machen, die der Gärtner unterdrücken muß, da sie als „Wasserreißer" alle Stoffe an sich ziehen und namentlich die unteren Äste
ihrer Fruchtbarkeit berauben. Bei genügender Pflege kann man
aber eine solche Palmette auch in hohem Alter und auch in den
unteren Ästen tragfähig erhalten.

Eine zweite Form der Birne ist der waagerechte Kordon oder
Schnurbaum, der nicht als Spalier, sondern im Garten etwa als
Wegeinfassung Verwendung findet. Bei seiner Erziehung wird
die Hauptachse im mittleren und oberen Teil in die Horizontale
gebracht und Jahr für Jahr sympodial verlängert. Es bleibt bei
der Ausbildung dieser einzigen Hauptachse, deren Fruchtbarkeit
eben durch ihre Lage bedingt ist. Selbstverständlich werden alle
auf der Oberseite von ihr entstehenden Zweige leicht Wasserreißer bilden; sie müssen also dauernd entfernt werden. Neben

dem Kordon ist dann die Pyramide die Form, in der die frei im Garten stehende Zwergbirne am häufigsten gefunden wird. Sie hat die natürliche Gestalt des Baumes mit vertikaler Hauptachse und zahlreichen Ästen, die von unten nach oben an Größe abnehmen. Aber die Hauptachse sowohl wie die Äste sind auch hier sympodial aufgebaut, die Äste deshalb weit zahlreicher und dichter zusammengedrängt als am natürlich wachsenden Baum; da sie sich in geneigter Lage befinden, haben sie eine erhöhte Fruchtbarkeit.

Neben der Herstellung und Erhaltung des Gerüstes des Formbaumes ist dann noch die Erhaltung der blühenden Kurztriebe eine wichtige Aufgabe des Züchters. Das geschieht vor allem dadurch, daß diese zeitig zurückgeschnitten werden, um sich von unten her immer wieder zu erneuern.

Die Fortpflanzung durch Samen, die wir bisher allein ins Auge gefaßt haben, wird auch geschlechtliche Fortpflanzung genannt, weil der Embryo im Samen durch Verschmelzung zweier geschlechtlicher Zellen entsteht, deren jede einzeln nicht imstande ist, einen neuen Organismus hervorzubringen. Es gibt aber auch eine andere Art der Fortpflanzung, die man „*vegetative*" genannt hat, weil bei ihr eine gewöhnliche Knospe, die in einer Blattachsel entstanden ist, sich loslöst und eine junge Pflanze bildet. Natürlich müssen auch solche Knospen Reservestoffe zur Verfügung haben, um für die erste Zeit ihrer Entwicklung mit Nährstoffen versehen zu sein. Sie sind in angeschwollenen Blättern, Stämmen oder Wurzeln abgelagert, die sich zusammen mit den Knospen von der Mutterpflanze ablösen. Man spricht von „Brutzwiebeln" und „Brutknospen". So häufig uns diese nun bei den *Stauden* entgegentreten, so vollkommen fehlen sie im Reiche der *Bäume*. Dafür kann man viele Bäume *künstlich* sehr leicht vegetativ vermehren, weil sie ein ausgesprochenes Regenerationsvermögen besitzen: an abgeschnittenen Zweigen entstehen neue Wurzeln, an isolierten Wurzeln bilden sich Sprosse, und so ergänzt sich jedesmal der Teil wieder zum Ganzen. Sehr bekannt ist das Bewurzelungsvermögen bei den Weiden, und man kann demnach aus *einem* Weidenstrauch in kurzer Zeit viele machen, indem man ihn in Stücke schneidet und diese sich bewurzeln läßt. Dazu sind Feuchtigkeit und Wärme nötig. Auch viele andere Bäume lassen sich in der gleichen Weise durch „Stecklinge" vermehren; andere, wie z. B. die Nadelhölzer, bewurzeln sich sehr schwer oder gar nicht, sind also für eine derartige Vermehrungsart nicht zu gebrauchen. Das Gegenstück zu der Bewurzelung von Zweigen ist die Sproßbildung bei Wurzeln. Sie kommt bei Pappel, Pflaume, Robinie, Erle, Ulme usw. an flachstreichenden Wurzeln mit oder ohne vorheriger Verletzung vor. Auch die Stamm- und Wurzelstümpfe gefällter Bäume können zur Regeneration schreiten, indem sie „Stockausschläge" bilden. Unter der Hiebwunde fängt das Kambium an, in Tätigkeit zu treten, nicht um normales Holz und Bast, sondern einen sogenannten Kallus zu bilden. Das ist ein aus parenchymatischen Zellen bestehender Ringwulst, der bald über die Wundfläche hervortritt und in seinem Innern Knospen erzeugt. Diese wachsen dann zu Sprossen heran, die dem alten Wurzelwerk in großen Massen aufsitzen. Die Befähigung, solche Stockausschläge zu bilden, ist auf ein gewisses jugendliches Alter beschränkt.

Anstatt einen Steckling zur Bildung neuer Wurzeln zu veranlassen, kann man ihn auch den Wurzeln eines anderen Baumes übergeben, der dann die *Pfropfunterlage* bildet (S. 97). Man hat es dabei in der Hand, durch passende Wahl der Unterlage gleich recht große Stecklinge zu erzielen. Zahlreiche Hochstämme von Rosen, Obstbäumen oder Alleebäumen werden in der Weise gewonnen, daß man einen wild erwachsenen Stamm als Unterlage benutzt und auf ihm an der Stelle, wo man die Krone zu haben wünscht, das Edelreis aufpfropft. Das Pfropfen hat also hier nur den Vorteil, daß man schneller zum Baum von gewünschter Höhe gelangt als durch Stecklinge. Man kann aber auch artfremde Unterlagen wählen, wobei freilich dem Gärtner gewisse Grenzen gezogen sind, denn auch wenn zunächst noch eine gute Verwachsung zwischen Reis und Unterlage erfolgt ist, machen sich doch später Störungen geltend, wenn die beiden Partner nicht zusammenpassen. Dann sieht man an der Pfropfstelle Kropfbildungen und schließlich Zersetzungserscheinungen auftreten. Daß man durch passende Wahl der Unterlage auch ein verfrühtes Blühen und Fruchten erzielen kann, wurde schon besprochen.

VII. Der Urwald bei Schattawa in Böhmen und andere Urwälder

Die Bäume finden sich bei uns in Gärten, in Parks, auch an Alleen und sogar an asphaltierten Straßen; ihr *natürliches* Vorkommen aber ist der *Wald,* und seine ursprüngliche Gestalt ist der *Urwald.*

Wenn von Mitteleuropa heute nicht einmal ein Drittel der Bodenfläche bewaldet ist, so ist das nur deswegen der Fall, weil der Mensch, schon in vorgeschichtlicher Zeit beginnend, den Wald immer mehr zurückgedrängt und Kultur- und Halbkulturländereien an seine Stelle gesetzt hat. Wäre die Tätigkeit des Menschen von heute ab ausgeschaltet, so würde auf unseren Äckern und Wiesen alsbald sich Buschwerk einstellen, aus diesem aber würde der Wald wiedererstehen, da er in unserem Klima fast überall der natürlichen Vegetationsbedeckung entspricht. Nur recht kleine Flächen in Mitteleuropa dürfen wir als von Natur aus waldfrei betrachten, so die höchsten über die Waldgrenze hinausragenden Erhebungen der Alpen und einiger Mittelgebirge, viele Hochmoore, namentlich in Nordwestdeutschland, und einen schmalen Küstensaum der Nordsee, sofern hier ein versalzter Boden den Baumwuchs nicht aufkommen läßt.

Ehe der Mensch entscheidend das Landschaftsbild umgestaltet hat, sind also Wälder die durchaus beherrschende Vegetationsform gewesen. Es waren Wälder, die im Laufe von Jahrtausenden mannigfachen Veränderungen unterworfen waren und deren Geschichte man bis an den Ausklang der letzten Eiszeit ziemlich genau zurückverfolgen kann. — Während der letzten Eiszeit hat es eine lange Zeit gegeben, in der ganz Mitteleuropa *frei* von Wald gewesen ist. Das aus dem Norden gekommene Inlandeis ist damals zwar nicht mehr bis über die Elbe gestoßen, aber die eiszeitliche Klimadepression war doch so beträchtlich, daß der mitteleuropäische Wald aus dem ganzen eisfreien Raum zwischen dem nordischen Eisrand und dem Vereisungsgebiet der Alpen hatte weichen müssen. Es herrschte bei uns die baumfreie arktische Tundra. Die arktische Waldgrenze aber, die heute durch den äußersten Norden von Skandinavien zieht, müssen wir für das letzte Hochglazial erst südlich der Alpen in der Poebene annehmen. —

Als dann das Inlandeis sich von seinem letzten Hochstand zurückzuziehen begann und die Klimaverhältnisse langsam günstiger wurden, ist allmählich eine Wiederbewaldung Mitteleuropas erfolgt, wobei die verschiedenen Baumarten ihre Einwanderung aus den zum Teil sehr weit entfernt gelegenen Gebieten antreten mußten, in die sie sich während der Eiszeit zurückgezogen hatten.

Über die nacheiszeitliche Geschichte des Waldes haben wir eine verhältnismäßig genaue Einsicht, weil uns in Seeablagerungen und Torfmooren der Blütenstaub der Pflanzen in wunderbarer Weise konserviert wurde. Torf geht vor allem aus den Torfmoosen hervor. Diese wachsen an ihren oberen Enden weiter, während sie weiter rückwärts absterben und eine allmähliche Umbildung eben in Torf erfahren. Dieser hat die Fähigkeit, die Fäulnis, der sonst tote Teile der Pflanzen zum Opfer fallen, hintanzuhalten. So erhält sich in den älteren Schichten eines Torfmoores vieles von den Lebewesen verflossener Jahrhunderte und Jahrtausende, was sonst zerstört wird, so z. B. die Samen der Pflanzen, die auf oder neben dem Moor wuchsen, und ebenso auch der Blütenstaub (Pollen). Dem Blütenstaub der Waldbäume aber kommt dabei eine besondere Bedeutung zu, weil er, durch den Wind herzugeweht, die Holzartenzusammensetzung der die Moore umgebenden Wälder zum Ausdruck bringt. Es ist eine glückliche Fügung, daß die Pollen der wichtigsten Waldbäume ein so charakteristisches Aussehen besitzen, daß sie in ihrer Art- oder Gattungszugehörigkeit als Kiefer, Fichte, Birke, Eiche usw. im Mikroskop gut erkannt werden können. So vermag uns die sogenannte „Pollenanalyse“, wenn wir sie für alle Schichten des Moores ausführen, ein Bild vom Wandel der Wälder während vieler Jahrtausende zu geben.

Die Pollenanalyse hat gezeigt, daß die Einwanderung und Ausbreitung der Holzarten seit der Eiszeit in einer weit auseinandergezogenen Folge vor sich gegangen ist, die mit klimatischen Veränderungen im Zusammenhang steht. Dabei läßt sich für ganz Mitteleuropa die Waldgeschichte in eine Reihe von Hauptabschnitten gliedern. So folgte der arktischen *Tundrenzeit* zunächst die Ausbreitung von Birke und Kiefer *(Birken- und Kiefernzeit)*, erinnernd an die heutigen subarktischen Birken- und Kiefernwälder im nördlichen Skandinavien. Erst mehrere Jahrtausende später hielten anspruchsvollere Bäume ihren Einzug, voran die Hasel *(Haselzeit)*, dann Eiche, Ulme und Linde *(Eichenmischwaldzeit)* und schließlich Buche und Hainbuche *(Buchenzeit)*. Während jeder dieser Perioden bestanden aber mehr oder minder große Unterschiede zwischen den einzelnen Landschaften Mitteleuropas. Namentlich die sich in die eben genannte Folge der Waldzeiten hineinschiebende Ausbreitung der Nadelhölzer führte zu einer recht ungleichen Ausbildung der mitteleuropäischen Urwälder.

Diese Urwälder sind dann vom Menschen in mannigfacher Weise umgestaltet worden, und nur ganz vereinzelt finden sich auch heute noch Überreste von ihnen in Mitteleuropa. Einen von ihnen, den Kubaniurwald im Böhmerwald wollen wir hier etwas ausführlicher schildern. Wenn man auch nicht glauben darf, daß er typisch für *alle* mitteleuropäischen Urwälder sei, so ist er doch jedenfalls ein ganz besonders eindrucksvolles Beispiel.

Böhmer Wald nennt man den Gebirgszug, der in einer Ausdehnung von 235 km und einer Breite von 60 bis 100 km von Waldsassen nach Linz, also vom Fichtelgebirge südöstlich nach der Donau zieht. An Länge und Höhe erinnert dieses Gebirge an die Vogesen mit der Hardt, aber es besteht nicht wie diese aus einem einzigen Hauptkamm, sondern aus mehreren parallelen Zügen und einigen Querverbindungen. Arber und Rachel, die höchsten Erhebungen, erreichen mit rund 1450 m ähnliche Höhen wie der Belchen in den Vogesen, aber sie erheben sich nicht aus einer Ebene wie die Rheinebene (rund 200 m ü. M.), sondern aus schon hochgelegenen Tälern und wirken deshalb weniger hoch als sie sind. Nach Nordosten zu entspringen die Flüsse, die sich zur Moldau vereinigen und in die Elbe, also die Nordsee münden, nach Südwesten ist das Flußgebiet der Donau. Böhmer Wald und nicht Gebirge nennt sich die Gegend mit Recht, denn auch heute noch sind ganz große Teile (rund 40 %) mit Wald bedeckt, und man kann an manchen Stellen unschwer einen halben Tag wandern, ohne etwas anderes als Bäume zu erblicken. Nur die höchsten Gipfel treten nackt aus dem Wald hervor.

Am Anfang des 18. Jahrhunderts war noch der ganze Böhmer Wald im Zustande des Urwaldes. Als 1719 Winterberg an die Fürsten Schwarzenberg kam, war von Winterberg bis an die

Grenze gegen Passau dichter, ununterbrochener Urwald, in dem nur drei Orte mit menschlichen Wohnungen lagen. Die erste Besiedelung dieses ungeheuren Waldgebietes erfolgte in den Jahren zwischen 850 und 1200 durch die Klöster, später hat namentlich die Glasindustrie weitgehende Rodungen ausgeführt. Und wo der Wald schwand, da folgte der Bauer nach, aber sicher war sehr häufig nicht die Landgier, sondern die Holzgier treibendes Moment für die Rodung. In größerem Maßstab erfolgte die Holznutzung des Waldes, nachdem 1789 der Ingenieur *Rosenauer* den Schwemmkanal am Plöckenstein gebaut hatte, durch den das Wasser von 21 Bächen der Moldau über den Paß von Aiglen zur Mühle und damit zur Donau abgelenkt wurde. Dieser Schwarzenberg-Kanal brachte im Jahre 1878 gegen 60000 cbm Holz nach Wien. Es ist hier nicht unsere Aufgabe zu schildern, wie Straßen und Eisenbahnen die Holznutzung steigerten und den Urwald allmählich zum Kulturwald überführten. Da das Klima für den Baumwuchs sehr günstig ist, so bildet sich nach jeder Rodung, wenn nicht der Bauer sich des Bodens bemächtigt und den Baum vernichtet, immer wieder Wald. Das hat sich mit besonderer Deutlichkeit gezeigt, als die Jahre 1868 und 1870 enorme Windbrüche brachten und im Gefolge von diesen weitere Waldmassen dem Borkenkäfer zum Opfer fielen. Alle diese Schäden waren nach wenigen Jahren geheilt, neuer Wald war aufgesproßt. Aber der *Urwald* beschränkt sich heute auf kleine Gebiete, die so unzugänglich sind, daß eine Holznutzung in ihnen nicht lohnt. Außerdem aber hat der Fürst von Schwarzenberg bei Schattawa am Kubani ein Schutzgebiet geschaffen, um der Nachwelt einen Begriff von der Pracht des ursprünglichen Böhmer Waldes „für immer“ zu erhalten.

Im Jahre 1859 wurde die „Luckenstraße“ fertiggestellt, um die bis dahin völlig ungenutzten Holzschätze des Kubani auszunützen. Sie zieht von dem kleinen böhmischen Dorf Schattawa, das an der Bahnlinie Wallern-Winterberg liegt, im großen und ganzen nördlich und steigt sehr allmählich von 800 m auf 1100 m an. Der Kubani selbst, die weithin sichtbare, charakteristisch gestaltete höchste Erhebung dieser Gegend (1362 m), ist bis zur Spitze bewaldet. Ihm nach Westen vorgelagert liegt der niedrigere Basum. Der Kapellenbach bildet die Grenze beider Berge. Am Ostabhang

des Basum nun zieht die Luckenstraße hin. — Gleich nachdem man
die hochgelegene Eisenbahnstation Schattawa passiert hat, tritt
man in prachtvollen Hochwald (Abb. 60). Nach einstündiger
Wanderung von Schattawa beginnt das Urwaldreservat. Es wird

Abb. 60. Die Luckenstraße.

auf eine Entfernung von 1,3 km von der Luckenstraße begrenzt,
andererseits vom Kapellenbach, der in der Höhe von 1099 m die
Straße quert und von hier bis zu einem Stausee, der „Kapellenschwelle", auf 922 m herabfällt. Von der „Schwelle" führt dann
als dritte Grenze ein Durchhieb und Weg ziemlich geradlinig zur
Luckenstraße hinauf. Im ganzen ist also das Gebiet annähernd ein
gleichschenkliges Dreieck mit zwei 1,3 km langen Seiten und einer

etwa 400 m langen Basis. Der Flächeninhalt ist 50 ha[1]. Es ist ein gemischter Bestand, den man da erblickt, bestehend aus Fichte, Tanne und Buche, zwischen die vereinzelt Ulmen, Ahorn und einige andere Laubhölzer eingestreut sind, unter denen aber die Linde fehlt. Es entspricht also der Baumbestand dem, den man heute im Mittelgebirge Mitteleuropas vielfach (z. B. im Fichtelgebirge, Thüringer Wald, Südschwarzwald) findet (Buchen-Tannen-Fichtenwald). Was zuerst auffällt, ist das ungleiche Alter der Bäume und dementsprechend ihre ungleiche Höhe und Dicke. Aus einem scheinbar gleichmäßigen, in *einer* Höhe liegenden Blätterdache ragen mit langen, schmalen Kronen zahlreiche Nadelhölzer weit heraus, ähnlich den Oberständern im Mittelwald. Neben diesen Riesen, die bis zu 55 m Höhe erreichen können, finden sich alle Alters- und Größenstufen bis herab zu den einjährigen Keimlingen. Das zweite, was auffällt, ist die große Dichte des Waldes, die große Holzmasse, die er birgt. Man kann mit 700 cbm Holz pro Hektar rechnen gegenüber 350 cbm im normalen 100 bis 120jährigen Plenterwald. Am meisten aber in die Augen springend für denjenigen, der nur unsere wohlgeordneten „Forsten" kennt, ist ein dritter Umstand: Die Tatsache nämlich, daß dieser Wald nicht nur aus lebenden Stämmen besteht, sondern in großer Masse abgestorbene sich einmischen. Diese können zunächst einmal aufrecht stehende, noch mit den Zweigen versehene Leichen sein, die allmählich die Äste und auch die Rinde verlieren, so daß sie gespenstig weiß aus dem Waldesdunkel herausleuchten. Früher oder später brechen sie ab und lassen nur einen größeren oder kleineren Stumpf aufrecht stehend zurück. Andere sind vielfach zu Lebzeiten vom Winde gefällt und vermodern, oft zu mehreren übereinanderliegend, am Boden (Abb.61). Man findet sie in allen Stadien der Zersetzung. Schließlich gehört noch zur Vervollständigung des Bildes der Hinweis auf schräg-

---

[1]) Nach *Göppert* lautet die Bestimmung des Fürsten Schwarzenberg, „daß von besagtem Urwald 3200 Joch für immer erhalten und gepflegt werden sollen, um auch den Nachkommen noch einen Begriff von der Vollkommenheit zu verschaffen, welche ein günstig gelegener Wald bei vorzüglichem Schutz und Pflege erlangen könne." — 3200 Joch wären 1750 ha. Man kann nur bedauern, daß der Wald die Größe nicht hat. Im übrigen sind die Angaben über seinen Flächeninhalt ganz außerordentlich schwankend. Die oben mitgeteilte nach *Arnold Engler*, der sie zweifellos von der fürstlichen Forstverwaltung hatte.

liegende Stämme, die bei ihrem Fall durch andere Stämme aufgehalten wurden. Die Unmasse dieses toten Lagerholzes macht den Wald so wild. Nicht Lianen, wie im tropischen Urwald, auch nicht das „Unterholz", sondern eben dieses Fallholz erschwert das Eindringen. Bedenkt man noch den Mangel an Licht und die

Abb. 61. Viele Rohnen ganz ohne Fichtenjungwuchs.

tiefe Stille des Waldes, ferner die Beschaffenheit des Bodens, der streckenweise recht morastig ist, so versteht man das Grauen, das die alten Römer vor einem Lande empfanden, das „aut silvis horrida aut paludibus foeda" war. Das Bild, das Tacitus mit diesen Worten vor 2000 Jahren von unserem Vaterland gezeichnet hat, war stark übertrieben; wir wissen heute, daß es auch schon damals viele vom Menschen in Kultur genommene Stellen gab, die waldfrei waren, aber immerhin dürfen wir uns vorstellen, daß zu der Zeit, als die römischen Legionen nach Deutschland vordrangen, weite Strecken des Landes so aussahen wie heute der Kubani —

nur eben ohne die Luckenstraße! Tatsächlich hat ja gerade der Böhmer Wald einmal der Ausdehnung des Römischen Reiches eine Grenze gesetzt.

Die Gefühle, mit denen der moderne Mensch diesen Wald ansieht, werden je nach seiner Einstellung recht verschieden sein. Der Forstmann, der die Mächtigkeit der Stämme nur bewundern kann, wird vielleicht die schreckliche Unordnung, die da herrscht, beklagen, vielleicht auch den Verlust an wertvollem Holz. Der Botaniker ist überwältigt von der Gewalt dieser ungeschminkten Natur.

Wenn wir nun mit der Betrachtung der drei wichtigsten Baumarten beginnen, so werden wir die Fichte obenanzustellen haben, denn sie ist heute der herrschende Baum, der uns in allen Alterszuständen entgegentritt. Nach einer im Anfang der achtziger Jahre vorgenommenen Bestandsaufnahme ist das Verhältnis des sogenannten „grünen Holzes" der Fichte, Tanne und Buche gleich 8:4:3, d. h. also mehr als die Hälfte wird von der Fichte geliefert. Gestalt und Aufbau der Fichte wurden im zweiten Abschnitt besprochen; so bleibt hier nur zu sagen, daß sie auch im höchsten Alter ihre kegelförmig zugespitzte Krone beibehält, die mit ihren langen, herabhängenden Ästen auf einem 20 bis 25 m hohen astfreien Schaft sitzt. Eine Höhe von 50 m ist nichts Auffallendes, es sind auch Fichten bis zu 60 und mehr Meter gemessen. Ein Umfang von 4 bis 5 m ist keine Seltenheit. Der stattlichste Baum der heute im Urwald steht, die sogenannte Königsfichte, nicht weit entfernt von der Kapellenschwelle, hat in Brusthöhe einen Umfang von 470 cm, und ihre Höhe wird zu 62 m angegeben. Dabei erreicht die Fichte bei weitem nicht das hohe Alter der Weißtanne. Gewöhnlich werden 250 bis 300 Jahre genannt, doch hat *Göppert* Exemplare von 400 und selbst 420 Jahresringen vor sich gehabt (vom Kubani) und weiß selbst von 700 Jahresringen zu berichten, die von anderer Seite gezählt sein sollen. Wenn er im Urwald von Schattawa in *einem* Gesichtskreise 40 Fichtenstämme von 3 bis 6 m Umfang und 47 m Höhe zählte, so kann man nur sagen, heute stehen diese nicht mehr.

Aus der Dicke des Stammes kann man keine Schlüsse auf sein Alter ziehen. Denn es ist bekannt, daß einerseits die Bäume in der Jugend oft im Zustande großer Unterdrückung ganz schwachen

Zuwachs zeigen, und ebenso nimmt im hohen Alter wieder die Jahrringbreite ab. Eine sehr unterdrückte Fichte, die auf einem gefallenen Stamm erwachsen war, zeigte bei einer Höhe von nur 45 cm 21 Ringe, die zusammen 5 mm stark sind; auf die einzelne Jahresproduktion kommen also im Durchschnitt bloß 0,4 mm; eine der größten und ältesten Fichten, die am Kubani, nicht im eigentlichen Urwald, steht, zeigte an einem Bohrspane ganz außen etwa 0,8 mm dicke Jahresringe. Hätte sie zeitlebens Ringe von dieser geringen Dicke gebildet, so müßte sie bei einem Durchmesser von 100 cm 600 Jahre alt sein. In Wirklichkeit dürfte sie wohl nur halb so alt sein, denn auf der Höhe des Wachstums sind Ringbreiten von mehreren Millimetern keine Seltenheit. Übrigens ist engringiges und deshalb spezifisch schweres Holz, insbesondere wenn die Ringbreite recht gleichförmig ist, ein gesuchter Handelsartikel, denn es dient zur Herstellung von Resonanzböden für Musikinstrumente, die von alters her im Böhmer Wald lebhaft betrieben wird. Sicher ist es die gleichförmige Struktur nicht allein, die dem Holz solch wertvolle Eigenschaft verleiht. Wenn man hört, daß Holz, das lange im Wald gelagert hat, zu Resonanzhölzern benutzt wird, möchte man vermuten, daß auch eine gewisse Auslaugung der Inhaltstoffe oder gar eine chemische Veränderung der Membranen für die Klangwirkung wichtig ist. — Erwähnt sei noch, daß früher das Fichtenholz auch ausgiebig zur Zündholzfabrikation Verwendung fand; da aber das Holz bei der Herstellung der Stäbchen durch den Hobel eine Zusammenpressung erleidet und an Brennbarkeit verliert, ist das Fichtenholz für die schwedischen Zündhölzer nicht geeignet, und diese werden aus Espenholz gewonnen, und zwar nicht durch einen Hobelprozeß, sondern durch Herstellung dünner, fournierartiger Platten, die dann weiter gespalten werden.

An erster Stelle nach der Fichte steht die Tanne. Sie tritt vor allem in alten imposanten Stämmen auf, während ein Nachwuchs so gut wie ganz fehlt. Es besteht kein Zweifel, daß die Fichte auf Kosten der Tanne sich mächtig ausbreitet im Böhmer Wald. — Im Grunde ist der Aufbau der Tanne der gleiche wie der der Fichte (S. 9). Die geringen Unterschiede sind hier ohne Interesse. Mit dem Alter macht sich aber ein großer Unterschied im Wuchs geltend, so daß die beiden Bäume in der Tracht leicht kenntlich

werden. Der Haupttrieb bleibt bei der Tanne allmählich im
Längenwachstum im Verhältnis zu den Seitenzweigen zurück, der
Baum verliert seine spitze kegelförmige Gestalt, seine Krone wird
kuppelförmig abgewölbt. Die Höhe der größten Tannen ist der
der Fichten ähnlich: 45 bis 50 m sind jedenfalls keine Seltenheit.
Als Maximum geben *Göppert* und *Hochstetter* 64 m an. Heute
dürften Bäume von solchen Ausmaßen kaum noch zu finden sein.
An Dicke aber kann die Tanne die Fichte erheblich übertreffen,
denn die genannten Autoren wissen von Tannen mit 9,6 und
sogar 11,8 m Umfang zu berichten, die wohl alle der Vergangen-
heit angehören. Auch an vielen anderen mitteleuropäischen
Orten kommen oder kamen solche gigantischen Bäume vor.
Dabei ist der Astansatz bei der Tanne sehr hoch, und der oft 30 m
hohe glatte Schaft wirkt bei seiner sehr allmählichen Verjüngung
turmartig. Das Alter der Tanne wird auf 300 bis 400 Jahre angegeben, doch sollen gelegentlich auch 800jährige beobachtet
worden sein. *Göppert* sah aus der Gegend des Urwaldes ein Exem-
plar mit 448 Jahresringen bei 180 cm *Durchmesser*.

An dritter Stelle steht, wie gesagt, dann ein Laubbaum, die
Buche. Nach Zahl der Stämme macht sie etwa ein Drittel des
Bestandes aus, nach der erzeugten Holzmasse aber nur ein Fünftel
(vgl. S. 110). Wenn sie auch an anderen Orten in bezug auf Höhe,
Dicke und Alter mit den besprochenen Nadelhölzern wohl wett-
eifern kann, so erreicht sie hier im Urwald wohl kaum mehr als
40 m Höhe und bleibt somit immer von den höheren Nadelhölzern
beschattet. Ihr glatter Stamm gleicht einer polierten Säule und
wird bis zu 24 m hoch und 1 bis 1,3 m dick. Ein Alter, das 300
bis 400 Jahre übersteigt, ist jedenfalls eine große Ausnahme.

Alle anderen Laubhölzer kommen in so geringer Menge vor, daß
wir von ihrer Besprechung absehen können.

Nachdem bisher vom Höhepunkt der Entwicklung dieser bestandbildenden Bäume die Rede war, muß jetzt erörtert werden,
was diese Entwicklung beschließt, wann und wie die Bäume sterben; denn der große Gehalt an totem Holz gibt ja dem Urwald
viel mehr seinen Charakter als die Abmessungen seiner lebenden
Substanz. Wir wissen nicht ganz sicher, ob es einen natürlichen
Tod bei den Bäumen gibt, der rein aus *inneren* Ursachen, also aus
„Altersschwäche" erfolgt. Aber es ist doch recht wahrscheinlich,

daß — wenn man alle äußeren Schädigungen abhalten könnte —
der Baum doch schließlich stirbt. Es ist deshalb wahrscheinlich,
weil man ja direkt sieht, wie auf eine Zeit der Erstarkung später
mehr und mehr ein Rückgang eintritt, der sich in der Verkürzung
der Triebe und damit praktisch der Einstellung des Höhenwachs-
tums, ferner in der Abnahme des Dickenwachstums, ja sogar in
der Verringerung der Größe der mikroskopischen Bausteine des
Holzkörpers ausspricht. Die Ursachen dieses Rückganges sind
nicht schwer verständlich. Der Weg, den das Wasser von den auf-
nehmenden Wurzelspitzen bis zu den letzten Blättern in der Krone
zurückzulegen hat, und ebenso der Weg, den die in den Blättern
erzeugten Baustoffe bis hinab zu den Wurzeln zu durchmessen
haben, wird von Jahr zu Jahr weiter und beschwerlicher. Es liegt
nahe zu vermuten, daß solche Schwierigkeiten schließlich zu
einem natürlichen Tod führen können. Doch ist die ganze Frage
eine rein theoretische, denn in der Natur kann kein Organismus
durch Jahrhunderte hindurch leben, ohne daß er Schädigungen
irgendwelcher Art durch Außeneinflüsse erfährt. Sie treten zum
Alter hinzu, oder sie setzen schon allein schließlich dem Leben ein
Ziel.

Der schlimmste Feind des Baumes ist der Wind. In doppeltem
Sinne: rein mechanisch, indem eben einer Luftbewegung von bestimmter Größe kein Baum widerstehen kann, je größer er wird,
desto weniger; andererseits durch den vermehrten Entzug von
Wasser aus den Blättern, der bei ungenügendem Nachschub von
unten zum Verdorren des Gipfels führen muß.

Durch Stürme ist viel Baumwuchs im Böhmer Wald vernichtet
worden; mag nun der Baum mit der Wurzel geworfen werden,
wie das vor allem bei der meist flachwurzligen Fichte so häufig
geschieht, mag er, wie oft Tanne und Buche, im Schafte zer-
brechen. In der Gegend, von der wir hier sprechen, haben vor
allem die Jahre 1868 und 1870 Sturm und Windbruch von un-
erhörtem Ausmaß gebracht. Am Kubani sind 1870 in einer einzigen Nacht Hunderte von Jochen (ein Joch = etwa $^1/_2$ Hektar)
niedergelegt worden, darunter schönster Urwald. Das Schutzgebiet blieb freilich im großen und ganzen verschont. Aber auch
in ihm sind viele Stämme in den letzten Jahren gefallen, die noch
weit von ihrem natürlichen Ende entfernt waren.

Die andere, die austrocknende Wirkung des Windes macht sich besonders im Winter geltend, wenn der Wassernachschub aus dem gefrorenen Boden und durch den zu Eis erstarrten Saft des Holzkörpers unmöglich wird. Daß in unserem Urwald diese Wirkung des Windes eine Rolle spielt, ist wenig wahrscheinlich; dagegen in der Nähe der Berggipfel, wo die Windstärke sehr zunimmt, da gebietet der Wind dem Baume Halt (S. 34). Auch im Böhmer Wald ragen die höchsten Gipfel kahl aus dem Waldgebirge hervor. Das trifft freilich nicht für den *Kubani* zu, wohl aber für die höheren Berge, wie *Lusen, Rachel, Arber* und *Osser*. Gegen die Höhe des Berges zu löst sich der geschlossenene Wald in einzelne, niedrigere Baumgestalten auf, denen man den Kampf mit dem verderblichen Element nur zu deutlich ansieht. Die Fichten des Arber, besonders wenn man vom Brennessattel aufsteigt und eine Höhe von 1300 m erreicht hat, zeigen fast alle abgestorbene Gipfel, und unzählige Seitenzweige suchen unter geotropischen Krümmungen den Baum wieder herzustellen. Früher oder später stirbt er doch ab, und so sieht man überall an diesen Bergesgipfeln einzelne aufrechte tote, oft auch schon entrindete Stämme zwischen anderen frisch gedeihenden. Offenbar folgen eben die Winter, die baumvernichtend sind, nicht unmittelbar aufeinander, und so bleiben in der „Baumgrenze" immer einzelne Bäume übrig. Daß aber katastrophenartig ein ganzer Wald vernichtet werden kann, sah ich im Jahre 1904 unter dem Gipfel des Lusen, wo ein dichter Bestand nicht übermäßig alter Fichten offenbar ziemlich gleichzeitig durch Windwirkung fast völlig abgestorben war. Heute (1934) sind die damals noch aufrecht stehenden Leichen zum größten Teil zusammengestürzt, doch haben sich auch einzelne Bäume wieder erholt, und überall zwischen ihnen steht junger Nachwuchs.

Die großen Windbrüche ums Jahr 1870, von denen oben berichtet wurde, haben aber auch noch weitere schwere sekundäre Schädigungen nach sich gezogen. Der Borkenkäfer fand in den Unmassen von nicht rasch genug entferntem Bruchholz reiche Nahrung und vermehrte sich dann so ungeheuer, daß er nicht, wie sonst, nur an tote oder kranke Bäume ging, sondern auch die gesunden befiel und tötete. Und wenn z. B. im Stubenbacher Revier 250 Joch Wald durch den Sturm geworfen waren, so kamen noch

300 Joch hinzu, die Anfang der siebziger Jahre dem Borkenkäfer zum Opfer fielen. Umfassende Maßnahmen wurden von seiten der Forstverwaltung ergriffen, um sich dieses Feindes zu erwehren, aber offenbar ging die Seuche von selbst zurück. Der Vermehrung des Käfers folgte auf dem Fuße die Vermehrung seiner Feinde, die ihn rasch auf seine normale Menge zurückdrängten. Denn Borkenkäfer gibt es immer im Wald, und solange sie sich im *gefallenen Holz* betätigen, sind sie keine besondere Gefahr, und namentlich im gemischten Bestand sind sie weniger gefährlich als in einem reinen Bestand gleichaltriger Bäume. Der junge Wald, der sich in unserem Urwalde am Kapellenbach entlang findet, dürfte auf die Vernichtung des alten durch den Borkenkäfer zurückzuführen sein. Wenigstens weiß *Willkomm* zu berichten, daß dieser hier gehaust habe.

Die automatische Rückbildung einer Seuche ist ein interessantes Beispiel für die „Regulationen" in der belebten Natur. Selbst wenn ein Schmarotzer keine Feinde hätte, müßte er schließlich sich selbst die Lebensquellen untergraben. Durch uferloses Wachstum würde er sich ja seinen Wirt, hier den Baum, vernichten und sich so den Nährboden wegnehmen. In diesem Falle würde freilich die Regulation sehr spät, nach Zerstörung des Waldes, eintreten. — Die verschiedenen Organismen, die in der Natur ein bestimmtes Gebiet gemeinsam bewohnen, stehen in einem Gleichgewicht. Jede Störung dieses Gleichgewichtes führt gesetzmäßig zu weiteren Störungen, die häufig mit der Herstellung des ursprünglichen Zustandes, manchmal aber auch mit der Bildung eines neuen Gleichgewichtes enden.

Neben dem Borkenkäfer ist die Raupe eines Schmetterlinges, der *Nonne*, einmal eine Gefahr für den Böhmischen Wald gewesen. Davon soll hier nicht gesprochen werden. Es gibt aber noch andere, nicht minder gefährliche Schmarotzer als die Insekten, nämlich die Pilze. Überall sieht man im Urwald an den Stämmen von Fichten und Buchen die stattlichen Polster von Löcherpilzen (Polyporus). Wenn sie auch meistens an *toten* Stämmen auftreten, so fehlen sie doch auch *lebenden* nicht. Wir wissen zwar, daß sie ganz gesunde Bäume nicht befallen können. Solche gibt es aber vielleicht nur in geringer Zahl. Es genügt für die Pilzinfektion eine Wunde, wie sie ja nur zu leicht durch einen fallenden

Nachbarstamm erzeugt wird. Von der Wundstelle aus werden dann aber auch benachbarte gesunde Partien vom Pilz ergriffen. Ich habe selbst bei einem Besuch des Urwaldes im Jahre 1904 erlebt, daß an einem mäßig windigen Tage zuerst ein merkwürdiges Krachen anhob, dem dann ein dumpfer Fall folgte; er verkündete das Umsinken eines Urwaldriesen. Es wäre keine angenehme Lage, wenn ein solches Ereignis in nächster Nähe des Beobachters erfolgte — denn ein Ausweichen ist im Urwald oft durchaus nicht möglich. Deshalb suchte ich nach diesem Erlebnis alsbald Schutz auf der Luckenstraße, konnte aber am nächsten Tage die Stelle wieder aufsuchen und feststellen, daß eine mächtige Buche gefallen war. Sie schien ganz gesund, war reichlich belaubt, aber am Stamm war sie durch den Befall mit Polyporus weithin zersetzt.

Es fehlt übrigens nicht an Pilzen, die auch, wenigstens zeitweise, völlig gesunde Pflanzen ergreifen können. Von ihnen nenne ich den Hallimasch, der im Urwald reichlich sich findet. Seine dunklen Gewebestränge, mit denen er sich ausbreitet, sieht man in aufrecht stehenden Baumleichen, und es liegt nahe, ihn für den Tod solcher Bäume verantwortlich zu machen. Aber auch im Fallholz kann er offenbar noch viele Jahre seine Nahrung finden. Fruchtkörper von ihm kamen mir nicht zu Gesicht; sie treten ja erst im Herbst auf.

Die Leichen der Bäume bleiben nicht ewig im Walde; wenn auch langsam, so geht ihre Zersetzung doch unaufhaltsam vor sich. So werden die mineralischen Bestandteile, die der Baum aus dem Boden aufgenommen und im Holze abgelagert hatte, wieder dem Boden zugeführt, und aus den Zellwänden entsteht der schwarze Humus, der den Boden des Waldes in dicker Schicht bedeckt. Auf dieser Rückkehr der Stoffe aus dem Holz in den Untergrund beruht das üppige Wachstum des Urwaldes im Gegensatz zum Kulturwald, dem diese Stoffe durch die Holznutzung entzogen werden. Über die Einzelheiten der Zersetzung des abgestorbenen Holzes scheint nicht viel bekannt zu sein. Die aufrecht stehenden Leichen verwittern sichtbar rascher als die liegenden. Früher oder später brechen sie ab und lagern dann ebenfalls auf dem Boden. Für dieses Lagerholz hat man im Böhmer Wald einen besonderen Namen, man spricht von „*Rohnen*". (Das Wort wird freilich nicht überall gleich geschrieben.) Die Zerstörung dieser Rohnen hängt wohl in erster Linie von dem Grad der Feuchtigkeit ab, dem sie ausgesetzt sind. Man möchte annehmen, daß ganz trocken liegendes Holz wohl am längsten unverändert bleibt. Allein diesen Grad von Trockenheit gibt es nicht im Urwald. Der Mangel an Licht in den unteren Regionen, die Feuchtigkeit der Luft, die durch die Transpiration der Kronen bedingt ist, endlich zahlreiche Bächlein und Quellen wirken zusammen, um den Boden feucht, oft naß zu machen. Und so sind auch die meisten Rohnen stark von Wasser durchsetzt, und ein solch *großer* Wassergehalt wirkt erhaltend. Er tut das wohl nur indirekt, indem er den Sauerstoff vom Holzinneren abhält. Es ist ja bekannt, daß im Torfmoor eingeschlossene Stämme durch Jahrtausende hindurch oder noch länger unter Erhaltung ihrer feinsten mikroskopischen Struktur erhalten bleiben; das gleiche gilt für die ungleich älteren Stämme der Braunkohle. Dieses Extrem ist im Urwald nicht gegeben. Hier werden auch die dicksten Stämme von außen nach innen fortschreitend zersetzt, aber es kann im Einzelfall weit über hundert Jahre dauern, bis der letzte Rest von organischer Struktur verschwunden ist. Wir werden hören, daß sich in dem Moos, das solche Rohnen allmählich bedeckt (Abb. 62), auch andere Pflanzen ansiedeln, vor allem daß Fichten auf ihnen keimen und ihre Wurzeln schließlich in die Erde senken, um dann nach Verrottung des Stammes wie auf Stelzen zu stehen. Nicht selten findet man nun unter solchen Stelzbäumen noch die Überreste des Baumes, auf dem sie gekeimt haben. Kann man das Alter des Stelzenbaumes bestimmen, so weiß man auch, wie lange *mindestens* der Lagerstamm schon aushält. In einem Einzelfall wird nun berichtet, daß eine Rohne, die mit 75 jährigen Fichten besetzt war, zwar außen vermodert war, im Innern aber noch so festes Holz hatte, daß es zu Resonanzböden verwendet werden konnte. Daraus wird man schließen dürfen, daß unter Umständen viele Jahrhunderte verstreichen werden, bis einer der gewaltigen Riesen wieder ganz zur Erde zurückgekehrt ist.

Bei der Zersetzung einer Rohne wird das Holz zunächst erweicht, so daß es unter seiner eigenen Last zusammensinkt. Man kann jetzt mit dem Stock, ohne Widerstand zu finden, in den Stamm einstechen, und nicht selten sinkt man in solches Holz knietief ein, wenn man es ohne vorhergehende Festigkeitsprobe betreten hat.

In diesem Zustande ist der Holzkörper tiefbraun gefärbt und schneidet sich mit dem Messer wie das weichste Pflanzengewebe. Jahresringe, Hoftüpfel, Markstrahlen, alles ist aufs beste erhalten, nur sind die Zellwände auffallend dünn, wie zusammengesintert. Und in der Tat sind sie ausgelaugt. Die Zellulosegrundlage ist verschwunden und mit ihr die Doppelbrechung der Zellhaut. Was

Abb. 62. Zwei moosbedeckte Rohnen nahe am Bach. Die obere mit jungen Fichten bedeckt.

übriggeblieben, dürfte das „Lignin“ (S. 56) sein, aus dem der Humus hervorgeht. Es ist nun bekannt, daß manche holzzerstörenden Pilze, unter denen der Hausschwamm besonders gefährlich ist, imstande sind, in der Holzmembran eine Spaltung in Zellulose und Lignin vorzunehmen und dann die Zellulose zu verzehren. Der Hausschwamm ist im Walde nur selten gefunden, aber andere Holzzerstörer, wie die oben genannten Polyporusarten, werden wohl die gleichen Fähigkeiten besitzen. So darf man annehmen, daß diese Pilze in erster Linie an dem allmählichen Abbau der Rohnen beteiligt sind. Andere Pilze greifen umgekehrt zuerst das Lignin an und lösen es; sie verzehren dann aber später auch die Zellulose.

Doch der Baumstamm besteht ja nicht nur aus Zellulose und Lignin, sondern er enthält auch Stärke und Eiweiß. Diese werden viel leichter und rascher abgebaut als die Zellwände, und ihre Zersetzungsprodukte gelangen mit den Mineralstoffen in den Boden,

Abb. 63. Über einer Vertiefung liegt eine Rohne, die Moose, Farne und viele junge Fichten trägt.

den sie fruchtbar machen. So kann man sich nicht wundern, daß der Boden nicht nur Bäume, sondern auch einen Unterwuchs von Kräutern ernährt, deren Art und Zahl vom Licht und von der Feuchtigkeit abhängen. Völlig frei von krautiger Vegetation sind nur die dunkelsten Stellen, an denen Buchenlaub und Nadeln der Nadelhölzer oben auf der Erde liegen. An helleren Stellen finden sich Moose ein, und große Strecken sind mit Sauerklee, Schattenblume (Majanthemum) und Heidelbeere bedeckt, während die besonders feuchten Partien große Farne und die stattlichen runden Blätter der Pestwurz (Abb. 64) bedecken.

Der Boden ist aber auch die Keimstätte für den heranwachsenden Baum, und die Kräuter sind dessen Konkurrenten. Wenn auch die Anhäufung von Holzleichen eine sehr eindrucksvolle Eigenschaft des Urwaldes ist, so ist doch die Entstehung des Nachwuchses, das „Werden“ des Waldes eine ungleich wichtigere Erscheinung. Denn wo der Nachwuchs fehlt, da muß der Wald einmal aufhören zu bestehen. Wie steht es nun mit dem Nachwuchs im Urwald von Schattawa? Wenn man die Schilderung *Göpperts* liest, so findet man da z. B. die Bemerkung: „Eine unzählbare Menge jüngerer Buchen, Fichten und Tannen, freilich im gedrückten Zustande, füllen die Zwischenräume zwischen jenen Riesen aus, die sich aber bald üppig entwickeln, wenn durch Zufall oder Absicht einige der stark beschatteten Kolosse umstürzen und sie dadurch freien Horizont gewinnen. Sie suchen dann bald nachzuholen, was sie früher zu versäumen genötigt wurden. Auf diese Weise findet also fortdauernd eine allmähliche Verjüngung der alten Buchen- und Weißtannenbestände statt, und man hat nicht erst nötig anzunehmen, daß in langen Perioden, wie etwa in 400 bis 500 Jahren, ein totaler Wechsel des Nadelholz- und Buchenbestandes erfolge.“ Ähnlich drückt sich auch *Arnold Engler* aus, der 30 Jahre nach *Göppert* den Wald besucht hat. Er sagt: „Am schwächsten vertreten sind die Jungwüchse, da für sie nur wenig Raum übrigbleibt. Wo durch Dürrwerden oder Zusammenbrechen eines alten Baumes mehr Licht ins Innere des Bestandes gelangt und eine Lücke entsteht, da sprossen Tannen- und Buchenjungwüchse, die vielleicht 100 bis 200 Jahre im Schatten ausgeharrt haben, kräftig empor.“ „Im Innern von Lücken, wo die Lichtwirkung am größten ist, da hat eine Gruppe von Fichten vom Boden Besitz genommen. Sie wird umgeben von Buchenjungwuchs, der schon im Schatten der Randbäume steht, und noch tiefer unter dem Kronenschirm hat sich, begünstigt durch das einfallende Seitenlicht, die Tanne angesiedelt.“

Meine eigenen Beobachtungen über den Nachwuchs, die ich im Juli 1934 angestellt habe, geben ein ganz anderes Bild. Leider habe ich bei meinem ersten Besuch 30 Jahre früher auf diesen Punkt nicht näher geachtet und kann deshalb nicht sagen, ob eine Veränderung seit dieser Zeit eingetreten ist; doch ist das recht wahrscheinlich.

Samen der drei bestandbildenden Bäume gibt es überall, und
Keimlinge von einem bis wenigen Jahren kann man auch bei
einiger Aufmerksamkeit in großer Menge finden. Die Keimlinge
der Buche und der Tanne stehen so gut wie ausschließlich auf dem
Boden, die Fichte aber keimt auch im Moospolster der Rohnen
(Abb. 63). Hier breitet sie ihre flachstreichenden Wurzeln weit

Abb. 64. Junge Stelzenfichte mit noch erhaltener Rohne.

aus und kann offenbar jahrzehntelang ihr Leben, freilich recht
kümmerlich, fristen; die 45 cm hohe 21 jährige Fichte, von der
schon oben S. 111 die Rede war, stand auf einer Rohne. Ähnliche
Beispiele ließen sich noch mehr anführen. Trotz der mächtigen
Ausbildung des Wurzelwerks — an einer zweijährigen Pflanze
fand ich eine 30 cm lange Wurzel — ist das Wachstum solcher
Keime sehr gering; auch dann, wenn die Wurzel in das weiche
Holz der Rohne eindringt und in dieser wuchert, wie es schon vor
Jahrmillionen im Kohlenzeitalter die wurzelartigen Anhängsel
der „Schuppenbäume" im Lagerholz getan haben. Nur wenn es
dem Keimling gelingt, mit einer oder mehreren Wurzeln den
Boden zu erreichen, kann ein Baum aus ihm werden; zugleich
werden dann diese Wurzeln sehr viel stärker als die anderen. —
Gewöhnlich findet man viele junge Fichten auf einer Rohne. Die

Rohne der Abb. 63 ließ einige dreißig Keime erkennen. *Göppert*
berichtet von einer 24 m langen Rohne, auf der 46 Fichten von
60 bis 180 cm Höhe standen. Wenn dann die Rohne unter den
Fichten verwest ist (Abb. 64, 65), so stehen die letzteren in ge-
raden Zeilen, wie gepflanzt, im Wald, und zugleich bilden ihre
zum Teil in der Luft befindlichen Wurzeln, auf denen wie auf

Abb. 65. Links mehrere Fichten, die durch Reihenwuchs andeuten, daß
sie auf einer Rohne entstanden sind.

Stelzen der Stamm ruht, ein dichtes Geflecht. Daß die Wurzeln
der Nachbarbäume vielfach miteinander verwachsen sind (Abb. 66),
hat *Göppert* schon vor langen Jahren festgestellt. Die Häufigkeit
der Stelzen, die weite Verbreitung des Reihenwuchses (Abb. 67)
im Urwald läßt erkennen, wie viele von den erwachsenen Fichten
auf Rohnen gekeimt hatten. Zweifellos ist diese Art von Keimung
etwas sehr Auffallendes, und man kann wohl verstehen, daß ein
so aufmerksamer Beobachter der Natur wie *Goethe* an dieser Erscheinung nicht vorübergegangen ist. Er berichtet (Aus meinem
Leben, 2. Teil) aus der Gegend von Niederbrunn: „Die dicken
Wälder auf beiden Höhen sind unbenutzt. Hier faulen Stämme zu
Tausenden übereinander, und junge Sprößlinge keimen in Unzahl
auf halbvermoderten Vorfahren.“

Abb. 66. Unter der Fichte mit den weit ausgreifenden Wurzeln sind noch die Reste der Rohne zu erkennen, auf der sie erwachsen ist.

Abb. 67. Reihenwuchs von Fichten, die auf Rohnen erwachsen sind.

Die stattlichsten Stelzen aber, wie etwa auf Abb. 68, 69, bei der
ein Stamm in Meterhöhe über dem Boden gekeimt haben muß, sind
wahrscheinlich anders entstanden. Es werden eben auch die *ab-
gebrochenen Stümpfe* alter Bäume und vor allem auch das in die Luft
ragende *Wurzelwerk* vom Sturme geworfener Stämme von Fichten
besiedelt. Im letzteren Fall, wo reichlich Erde zur Verfügung

Abb. 68. Besonders hohe Stelzenfichte.

steht, pflegen sich den Fichten auch die Mehlbeere und der Ho-
lunder zuzugesellen, die freilich wieder zugrunde gehen, ohne zu
wirklichen Bäumen geworden zu sein. *Göppert* hat am Kubani
noch 5 m hohe Stelzen beobachtet, die heute nicht mehr sind, und
die zweifellos auf solchen Wurzeln gefallener Bäume entstanden
waren. Nicht selten kann man übrigens beobachten, daß eine
mit Fichten besetzte Rohne durch den Sturz eines Nachbarbaumes
ins Rollen gekommen ist, und daß die ihr aufsitzende Bäumchen-
reihe aus der aufrechten Stellung herausgeraten ist. Dann richten sich
diese geotropisch auf in dem Sinne, von dem S. 78 die Rede war.

Wie kommt es nun, daß nur die Fichte und nicht auch die beiden anderen Bestandbildner ein so merkwürdiges Keimbett sich aussuchen und dementsprechend so oft Stelzen bilden? Die Samen der Buche sind so groß, daß sie wenig Aussicht haben, beim Fallen auf einer Rohne liegenzubleiben. Aber warum verhält sich die Tanne anders als die Fichte? Hier genügt wohl der Größenunterschied der Samen, der freilich auch vorhanden ist, nicht zur

Abb. 69. Breit ausladende Stelzenfichte.

Erklärung. *Arnold Engler* sagt hierüber folgendes: „Die Vorliebe der Fichte, sich auf erhöhten Stellen anzusiedeln, erklärt sich dadurch, daß sie dort der Verdämmung durch die Krautvegetation und der schädlichen Wirkung einer langdauernden und hohen Bedeckung mit Schnee entgeht und mehr Licht und Wärme genießt als auf dem Boden. Die lichtbedürftige Fichte muß notwendig die lichten Waldstellen aufsuchen, wo sich naturgemäß auch die üppigste Krautvegetation einstellt und ihr den Platz streitig macht; die Buche, und namentlich die Tanne, kommen mit einer Lichtmenge aus, die zur kräftigen Entwicklung der niederen Bodenvegetation nicht mehr genügt."

Zu dieser Erklärung ist zunächst zu sagen, daß Sauerklee und Heidelbeere auch im Moos der Rohnen nicht fehlen. Sodann wäre doch zu erwarten, daß wenigstens einzelne junge Tannen auch auf Rohnen zu finden wären. Bei einem Durchwandern des Waldes, das ausdrücklich dieser Frage gewidmet war, konnte ich keine einzige entdecken. Wohl fand ich ein- oder zweijährige Keime auch auf Rohnen, was beweist, daß der Tannensamen doch gelegentlich auf der Rohne haften und keimen kann. Zehn- oder zwanzigjährige Bäumchen fehlen aber völlig. Das vermehrte Licht kann ihnen doch ganz gewiß nichts geschadet haben; so muß es etwas anderes sein, was ihnen da nicht zusagt. Man wird daran denken müssen, daß trotz des ungemein waldgünstigen Klimas doch Zeiten kommen können, wo das Moospolster auf den Rohnen stark austrocknet. Sorgfältige Untersuchungen müssen zeigen, ob, wie ich vermute, die Tanne einer solchen periodischen Wasserentziehung weniger gewachsen ist als die Fichte. Es sei daran erinnert, daß die Fichte ein viel ausgedehnteres Wurzelsystem besitzt als die Tanne (S. 81). Sicher kommen aber noch andere Gründe hinzu. Vor allem stellt die Tanne größere Ansprüche an den Nährstoffgehalt des Bodens als die Fichte. Wahrscheinlich werden die Nährsalze aber bald aus den Rohnen herausgelaugt sein. Weiter ist bekannt, daß die Fichte auf jedem Boden keimen kann, während der Tanne und Buche Rohhumus gar nicht zusagt. Auf weitere Vermutungen einzugehen, ist hier nicht der richtige Ort.

Wenn man bei *Göppert* liest, daß „ganze Legionen von jungen Fichtenstämmchen die zahlreichen mit Moos bedeckten Lagerstämme überziehen", oder daß die Rohnen „im wahrsten Sinne des Wortes mit Tausenden von jungen Fichten von 1 bis 6 Fuß bedeckt" sind, so stimmt das wohl zu den Abbildungen Taf. V und VI bei *Göppert*, von denen die eine auch in *Schimper*s Pflanzengeographie übergegangen ist, aber nicht mit der Natur, wie sie heute sich uns darbietet. Die mit jüngeren Fichten besetzten Rohnen muß man nämlich *suchen*. Im ganzen oberen Teil des Waldes, in der Nähe der Straße, sind sie jedenfalls äußerst selten, nur unten am Kapellenbach, wo ja überhaupt, wie bemerkt, der Wald jünger ist, findet man sie häufiger, nirgends aber so, wie sie *Göppert* abbildet. Aber auch die Horste junger Bäume, von denen

Engler spricht, sind selten. Sie fehlen oft selbst an recht lichten Stellen, so z. B. in Abb. 70, wo es hell genug war, daß ein Kreuzkraut (Senecio nemorensis) zur Blüte gelangen konnte. Und selbst an feuchten Stellen finden sich große Lücken im Wald ohne den erwarteten Nachwuchs. *Heute* kann also gar keine Rede davon sein, daß ein solcher Nachwuchs überall vorhanden sei und nur auf den Moment warte, wo er sich kräftig entwickeln kann. Wo aber

Abb. 70. Gewirr gefallener moosbedeckter Bäume nahe am Bach. Trotz großer Lichtfülle (Senecio im Vordergrund blüht!) kein Nachwuchs.

solche Horste junger Bäume einmal auftreten, da bestehen sie ausschließlich aus Fichten und Buchen, während die Tanne fehlt.

Die Tatsache, daß überhaupt wenig Jungwuchs im Urwald zu finden ist, kann nach dem Gesagten weder auf mangelndes Licht noch auf Fehlen des Wassers geschoben werden. Man findet aber die Ursache leicht, wenn man sich die vorhandenen jungen Bäumchen näher ansieht. Sie sind in ungewöhnlich starkem Maße vom *Wild verbissen*. Der Urwald ist eben ein Teil eines Wildparkes, der durch ein Gatter vom übrigen Wald getrennt ist; das Gatter übersteigt man auf der Luckenstraße. Und das Wild dieses Parkes sucht, worauf schon *Engler* aufmerksam gemacht hat, gerade im „Urwald“ Zuflucht, wenn in anderen Teilen des Waldes Holz geschlagen wird. So besteht heute also, mindestens zeitweise, ein ganz unnatürlicher Wildstand, und dieser gefährdet, ja er zerstört den Nachwuchs an Bäumen. Es wäre zur Erhaltung des Urwaldbildes zweifellos richtiger, das Wild vom Schutzgebiet ganz auszuschließen, als den gegenwärtigen Zustand zu belassen, der keineswegs ein natürlicher ist.

Stellen wir uns vor, der jetzige Zustand dauere noch ein-, zweihundert Jahre weiter an, dann werden eines Tages die alten Bäume alle verschwunden sein. In dem Maße aber, wie die Lücken im Wald größer und größer werden, müßte mehr und mehr Jungwuchs aufkommen; schließlich so viel, daß das Wild seiner nicht mehr Herr würde, und damit wäre ein neuer Aufschwung in der Waldbildung erreicht. Der *Wald* steht also nicht in Gefahr zu verschwinden, das ist in diesem Klima nicht wohl möglich — aber er steht in Gefahr, seinen größten Reiz zu verlieren, die gewaltigen Baumriesen, für die erst nach langer Zeit Ersatz geschaffen werden könnte.

Neben dieser durch das Wild bedingten Bestandesänderung ist aber noch eine andere hervorzuheben, die auch außerhalb des Urwaldes zu beobachten ist und wahrscheinlich auf klimatische Ursachen zurückgeht. Wir meinen den starken Rückgang der Weißtanne. Während sie bei Betrachtung der mehrhundertjährigen Stämme schätzungsweise die Hälfte der Holzmasse liefert, tritt sie mehr und mehr zurück, je jüngere Altersklassen wir ins Auge fassen. Schon *Göppert* weiß zu melden, daß die Weißtannenbestände sich oft schwer erhalten und durch die widerstandsfähigere Fichte verdrängt werden. Auch für die Buche gibt er dasselbe an. Auf diese habe ich nicht geachtet, aber für die Weißtanne kann ich sagen, daß ich nicht nur die zehn und zwanzig Jahre alten Jungwüchse vermißt habe, sondern auch Bäume von 10 und 20 cm Durchmesser kaum gefunden habe. An einer Klimaänderung im Sinne einer fortschreitenden Abnahme der Feuchtigkeit ist aber im Böhmer Wald wohl nicht zu zweifeln; denn schon allein die weitgehenden Rodungen, die im Laufe weniger Jahrhunderte mehr als die Hälfte des Waldbestandes vernichtet haben, müssen einen solchen Erfolg gehabt haben.

So sehen wir, die Verbannung der Axt allein genügt nicht, um
einen Wald für immer in seinem Charakter zu erhalten, und selbst
wenn der Wildschaden im Reservat eingedämmt würde, dürfte
die so schön gemeinte Absicht des Fürsten Schwarzenberg sich
nicht dauernd verwirklichen lassen. Der Wald als solcher ist eines
der unveränderlichsten Gebilde der Pflanzenwelt, aber auch er ist
immerwährenden Wandlungen ausgesetzt.

Urwaldreste finden sich auch an anderen Stellen in Mitteleuropa. Manche von ihnen ähneln dem Kubaniurwald, so z. B.
das kleine Naturschutzgebiet am Wilden See beim Ruhstein im
Schwarzwald, das aus Fichten und Tannen besteht, zwischen denen
vereinzelte Buchen und Kiefern eingestreut sind. Es gibt aber
auch ganz andere Typen, wie den *Neuenburger „Urwald"* bei Varel
in Oldenburg, den *Nitschke* in Wort und Bild geschildert hat.

Er ist ein sehr interessanter Wald, dessen Grundbestand mächtige, 600 bis 700jährige, 2 m dicke Eichen bilden, die vielfach
von alten Efeustöcken umklammert werden und zwischen sich,
als Unterholz, stattliche Stechpalmen bergen. Überragt aber werden diese 27 m hohen Eichen von Buchen, die mit ihnen einen
Kampf führen, dessen Ausgang nicht mehr zweifelhaft sein kann.
Schon jetzt findet sich die Buche in allen Altersstadien vom Keimling bis zum erwachsenen Baum, während der Eiche der Nachwuchs
völlig fehlt. Dieser Wald ist während langer Zeiten durch den
Menschen genutzt worden; er ist ein ehemaliger „Hudewald", in
dem das Vieh auf die Waldweide getrieben wurde, in dem es Gras-
wuchs unter dem lockeren Kronenschluß der Eichen gab und die
Eiche selber sich ihrer Früchte wegen einer besonderen Wert-
schätzung und Förderung für die Schweinemast erfreute. Erst
nach dem Verbot der Schweinemast und seit in den siebziger
Jahren der Wald ganz unter Schutz gestellt wurde, ist die schon
ursprünglich sicher nicht schwach vertreten gewesene Buche wieder
eingedrungen und hat, vor allem durch die Lichtwegnahme bedingt, ihren Siegeszug angetreten. — Im Neuenburger „Urwald"
wie auch in dem ähnlich gearteten, großartige alte Eichen ent-
haltenden *Hasbruch* bei Delmenhorst in Oldenburg, bilden besonders eigenartige Gestalten die Hainbuchen. Sie sehen oft geradezu gespensterhaft aus mit ihren verschnörkelten Wuchsformen,
die aber keineswegs ursprünglich, sondern nur das Ergebnis einer

früher immer wiederholten Kopfholzgewinnung sind. — Um
einen wirklichen Urwald handelt es sich also weder bei Neuenburg
noch beim Hasbruch, wenn auch seit längerem keine Holznutzung
mehr erfolgte und die mächtigen Baumleichen den Beständen einen
urwaldartigen Charakter verleihen.

Vom tropischen Urwald soll hier nicht gesprochen werden,
obwohl der Laie immer zuerst an ihn denkt, wenn er vom Urwald
hört. Es ist ein Irrtum zu glauben, daß die Lianen und epiphy-
tischen Orchideen, die Affen, Papageien und Schlangen, die den
tropischen Urwald so interessant machen, Charakterzüge des Urwaldes überhaupt seien. In Wirklichkeit nennen wir *Urwald jeden
geschlossenen Bestand von Bäumen, der unberührt vom Menschen ist* und
der im *Werden, Sein und Vergehen* von der *Natur* und nicht von der
Kultur geregelt wird. — Dabei wäre noch zu erwähnen, daß auch
die Ungleichaltrigkeit des Bestandes, die wir am Kubani fanden,
keineswegs unbedingt zum Urwaldcharakter gehört. So wird für
gewisse osteuropäische Urwälder betont, daß sie aus weithin gleich-
altrigen Beständen bestehen, neben denen dann andere Alters-
stufen zu finden sind. Offenbar ist hier durch schwere Natur-
katastrophen ein Teil des Urwaldes plötzlich vernichtet worden.
Man wird vor allem an heftige Stürme denken, die sich auch heute
noch in gewissen schwedischen Urwäldern in ähnlicher Weise bemerkbar machen.

Wir haben bisher überwiegend die *Baumschicht* des Urwaldes
betrachtet. Doch besteht dieser nicht nur aus ihr. Wohl haben
wir wenigstens hingewiesen auf den Unterwuchs von Sträuchern,
Stauden und Kräutern (S. 119), haben auch die Moose erwähnt, die
der Fichte als Keimbett dienen. Aber es ist noch nicht genügend
zum Ausdruck gekommen, daß *alle* diese Organismen, zu denen
auch die Pilze und die Tiere kommen, auf das engste miteinander
verknüpft sind, so daß sie eine *Lebensgemeinschaft* bilden. In mannig-
fachster Weise bestehen Zusammenhänge zwischen ihnen allen,
teils indem sie sich in ihren Leistungen gegenseitig fördern, teils
auch indem sie sich bekämpfen. Diese Lebensgemeinschaft eingehend zu schildern, würde ein Buch für sich fordern. Hier kann
nur an *einem* Beispiel ihr Wesen angedeutet werden. Stellen wir
uns einmal vor, die holzzerstörenden Pilze fielen aus, so würde
jedes Blatt, jeder Zweig, jeder Stamm und jede Wurzel in dem

130

Zustande erhalten bleiben, in dem er sich beim Absterben befand.
Eine ungeheure Masse von Baumleichen würde schon rein äußerlich das Aufkommen von Nachwuchs unmöglich machen; aber
auch alle in diesen Leichen enthaltenen Stoffe, vor allem der Kohlenstoff und Stickstoff, würden den lebenden Bäumen entzogen.
Nur wenn sie aus dem toten Material dauernd in den Boden oder
in die Luft zurückkehren, ist ein dauerndes Gedeihen des Waldes
möglich. Der ständige *Kreislauf* der Stoffe allein, der noch durch
die Tätigkeit mannigfacher Bodenbakterien beträchtlich kompli-
ziert wird, erhält das Leben. Jeder Eingriff aber, der ein Glied der
Lebensgemeinschaft trifft, wirkt sich auch an anderen Gliedern
aus als Störung, bis wieder das alte oder ein neues Gleichgewicht
hergestellt ist (vgl. S. 115, Nonne).

VIII. Der Forst

Durch den Eingriff des Menschen ist der Urwald weitgehend verändert worden. Der Mensch holte sich seinen Bedarf an Brenn-
holz, später auch als Bauholz, er trieb sein Vieh zur Weide in den
Wald, das dann namentlich den Jungwuchs schädigte, er vernich-
tete die natürlichen Feinde des Wildes, so daß dieses in unnatürlicher Weise überhand nahm und wiederum dem Jungwuchs gefährlich wurde, und er rottete schließlich sogar den Wald durch
Feuer aus, um Kulturland zu gewinnen. Mochte auch jeder dieser
Eingriffe vielleicht einzeln vielfach noch harmlos und reparabel
sein, so mußte doch seine Wiederholung auf die Dauer den Wald
ganz verderben, solange keine Gegenmaßregeln ergriffen waren.
So nahm denn von frühen historischen Zeiten an bis ins 18. Jahrhundert hinein Qualität und Quantität des Waldes dauernd ab,
bis Sorge um das notwendige Holz die Regierungen zu geregelter
Bewirtschaftung des Waldes drängte. Damit aber wurde der Urwald zum *Kulturwald*, zum *Forst*. — Es würde den Rahmen dieses
Büchleins zerschlagen, wollten wir versuchen, den modernen
Forst hier ausführlich zu schildern; das ist auch nicht nötig, da
von viel berufenerer Seite mehrere treffliche Darstellungen existie-
ren, auf die wir verweisen können[1]. Vor allem aber erhebt dieses
Kapitel nicht den Anspruch, den *Forstleuten* etwas Neues zu sagen;

---

[1]) Es sei hier nur *Hausrath*, Der deutsche Wald, Leipzig 1914, genannt.

es soll nur den Laien mit den wesentlichen Differenzen zwischen Urwald und Forst bekanntmachen.

Das Ziel der Forstwirtschaft ist eine möglichst wirtschaftliche Holzproduktion. Wie der Landwirt sät und erntet auch der Forstmann; die Saat nennt er „Verjüngung", die Ernte „Hieb". Damit sind aber zwei Eingriffe in das Leben des Waldes bezeichnet, die einen einschneidenden Unterschied zwischen dem Urwald und dem Forst bedingen: dort stirbt der Baum, wenn er altersschwach geworden ist oder einer Katastrophe zum Opfer fällt, hier beendet er lange vor dem natürlichen Ende sein Leben, wenn der Forstmann ihn für „hiebreif" erklärt, d. h. wenn sein weiteres Dasein wirtschaftlich keinen rechten Vorteil mehr bringt, weil der Dickenzuwachs des Holzkörpers soweit gesunken ist, daß er keine ausreichende Verzinsung mehr darstellt, insbesondere weniger leistet als ein Jungbestand. Und während im Urwald die Neubesiedlung der entstandenen Lücken „von selbst" erfolgt oder schon da ist und nur auf das Licht wartet, das durch den Sturz des alten Stammes Einlaß zu dem Jungwuchs erhält, wird im Forst — wenigstens bei gewissen Betrieben — der Nachwuchs durch den Forstmann gepflanzt oder gesät. Werden und Vergehen sind, kurz gesagt, im Urwald der Natur überlassen, im Forst der Forstwirtschaft.

Unsere Forste bestehen zum Teil aus reinen Beständen einer Baumart, teils aus gemischten Beständen. Diese Bezeichnung bezieht sich immer nur auf die Oberschicht, eben die Bäume selbst. Ganz reine Bestände, die nur aus dieser Oberschicht bestehen und keinerlei Unterwuchs aufweisen, gibt es nicht. Und auch bezüglich der Oberschicht besteht nicht der Grad von Reinheit wie in der Kultur eines Bakteriologen; nur ein weitgehendes *Dominieren einer Art* findet statt. In reinen Beständen finden sich heute vor allem die Kiefer und die Fichte und manchmal die Buche; die anderen Bäume treten höchstens auf ganz kleinen Stellen rein auf. Wir fragen zunächst nach den Vorteilen und Nachteilen des reinen bzw. des gemischten Bestandes.

Zunächst ist es eine ästhetische Frage, auf die wir stoßen. Ein gemischter Bestand gilt vielfach für schöner als ein reiner. Man wird dieses Urteil nicht unter allen Umständen für richtig halten. Selbst gleichaltrige reine Bestände können schön aussehen; man denke an die Majestät eines alten, hochstämmigen Buchenwaldes;

man denke an den Kiefernwald der Mark, der seinen Maler gefunden hat. Die malerische Wirkung hört freilich auf, wenn der reine Bestand in regelmäßigen Reihen gepflanzt wird, was ja indes nicht unbedingt notwendig ist, sich nur als praktisch ergibt bei dem Bestreben, die jungen Bäumchen gleichmäßig auf der Fläche zu verteilen. Aber es gibt schwerere Bedenken gegen den reinen Bestand, um so schwerer, als sie den Kern der Wirtschaft, die Rentabilität treffen. Gewisse Schäden sind nur von wenigen vorausgesehen worden; sie haben sich erst spät, dann aber mit erschreckender Deutlichkeit in der Praxis ergeben. Die große Ausdehnung der reinen Bestände fällt zusammen mit dem Rückgang der Buche und der Ausbreitung der Fichte in Mitteleuropa. Als man nun an Stelle von Laubwald Fichtenwälder zu gründen begann, selbst in Gegenden, denen von Natur die Fichte fehlt, da zeigten zwar anfangs die jungen Bestände ein vortreffliches Gedeihen. Dann aber ergab es sich, daß sie unter Sturm, Frost, Insektenfraß ungleich mehr leiden als gemischte. Das ist leicht verständlich, weil im gemischten Wald immer einzelne Holzarten von dem Schaden bewahrt bleiben und die entstehende Lücke rasch schließen können. Ein zweites kam hinzu: nach anfänglichem Gedeihen ließ bei diesen Fichtenwäldern, die bald als „Wald“ schlechtweg galten, das Wachstum nach. Oft schon in der ersten Generation, sicher aber in der zweiten, trat Stockung ein; das in der Ertragstafel stehende Wachstum blieb auf dem Papier. Kam nun gar etwa ein Jahr besonderer Dürre, so litten diese Fichtenwälder, die man immer mehr gegen ihre Natur auch in der Ebene anzusiedeln versucht hatte, schwer.

Auch bei reinen Kiefernwäldern konnten ähnliche Erfahrungen gemacht werden. Fichte und Kiefer verändern eben den Boden einseitig und machen ihn untauglich nicht nur für andere Bäume, sondern schließlich auch für sie selbst. — Welches ist nun die Veränderung im Boden, die bei der Kultur von Fichte in reinen Beständen auftritt? Sie hängt in erster Linie mit der Humusbildung zusammen. Der Humus, der im Waldboden entsteht, ist nicht immer der gleiche. Man unterscheidet namentlich den *milden Humus*, der den meisten Pflanzen sehr zuträglich ist, und den *sauren Rohhumus*, der in der Regel schädlich wirkt. Welche Art von Humus entsteht, das richtet sich einerseits nach dem Pflanzenmaterial, das sich zersetzt, dann aber auch nach den äußeren Umständen. Die Nadeln der Nadelhölzer neigen immer dazu, Rohhumus zu erzeugen, während die Laubhölzer vorwiegend milden Humus entstehen lassen. Eine gute Durchlüftung des Bodens, genügende Feuchtigkeit und Wärme begünstigen die Bildung des milden Humus; bei Störung der Durchlüftung, zu großer Feuchtigkeit und niedrigen Temperaturen kommt es zur Bildung von Rohhumus. Dieser letztere aber führt zu einer Verarmung der Waldböden und schädigt die meisten Pflanzen schon durch seine saure Reaktion. Bei Vernässung geht der auf starkem Rohhumus stockende Wald schließlich in Moor über, bei geringerem Wassergehalt neigt er zur Verheidung. Ein Zuviel an Rohhumus schädigt *alle* unsere Waldbäume. Auch die Fichte, die selbst viel Rohhumus erzeugt, gräbt sich durch ihn in allen Lagen, die nicht ganz günstig für sie sind, ihr eigenes Grab.

In Beziehung auf die Art des Hiebes und der Verjüngung werden zahlreiche Betriebsarten unterschieden, die hier unmöglich alle besprochen werden können. Es wird genügen, wenn wir drei von ihnen herausgreifen: 1. den „Kahlschlag", 2. den „Schirmschlag" und 3. den „Femelbetrieb".

1. Der *Kahlschlagbetrieb*, den wir zunächst etwas näher anschauen wollen, ist keineswegs die ursprüngliche Form der Waldnutzung, sondern er entstand erst in nicht allzuweit zurückliegender Zeit in dem Maße, wie der Forstbetrieb mehr und mehr „wissenschaftlich" wurde und möglichst großen Nutzen aus dem Forste ziehen wollte. Der Kahlschlag hat ganz unleugbar große praktische Vorzüge. Vor allem läßt er einen sehr genauen Plan der Bewirtschaftung auf mehr als hundert Jahre hinaus zu. Er gestattet, ein großes Gebiet in eine Anzahl von „Schlägen" einzuteilen, deren jeder eine andere Altersklasse von Bäumen der selben Art trägt und demnach zu anderer Zeit hiebreif wird. Dadurch verteilen sich die wichtigsten forstlichen Arbeiten gleichmäßig über viele Jahre. Die Forstwissenschaft hat für die reinen Bestände, vor allem von Fichte und Buche, Ertragstafeln errechnet, aus denen man, wenn man nur die Bodenbeschaffenheit kennt, mit Leichtigkeit die Holzmasse und Baumhöhe entnehmen kann, die man in 100 Jahren erwarten darf. Da auch noch das Fällen und der Abtransport des Holzes von verhältnismäßig ungeübtem Personal besorgt werden kann,

so ist diese Betriebsart das Muster einer *billigen* Forstwirtschaft. Allein den Vorteilen stehen auch große Nachteile gegenüber. Der Kahlschlag verändert leicht die Bodenbeschaffenheit. Der Boden kann nach dem Abtriebe des Holzes austrocknen, weil ihm der Schatten der großen Bäume fehlt; er wird das tun, wenn er schon an sich trocken ist. Feuchter Boden dagegen kann nach Kahlschlag versumpfen, weil die Wasseraufnahme und -abgabe von Seiten des Baumes nun plötzlich aufhört. Endlich, namentlich im Gebirge, ist der Boden der verschwemmenden Tätigkeit des Regens ausgesetzt, so daß schließlich nur nackter Fels übrigbleibt, der keinen Wald ernähren kann. Viele heute kahl dastehende Gebirge waren einst bewaldet, haben aber nach unvorsichtigem Kahlschlag nie wieder Wald zu gewinnen vermocht. Auch wo dieses Extrem vermieden wurde, wird durch die genannte Veränderung das Leben der Mikroorganismen im Boden geschädigt und damit auch die Ernährung der Bäume in Frage gestellt.

Wir hörten schon früher, daß der Boden nicht nur aus Mineralien, sondern auch aus Humus besteht, und daß letzterer aus den Überresten der Bäume selbst hervorgeht. Die Zellulose wird durch Pilze gelöst, und dann beginnt ein reiches Leben von Würmern, Insekten, Bakterien usw. Alle diese Organismen erzeugen nun vor allem Kohlensäure und sind somit nicht nur für die Mineralienlösung im Boden wichtig, sondern auch für die Assimilation der Blätter. Die Tiere sind auch noch dadurch von Nutzen, daß sie den Boden ständig durchwühlen und damit auflockern, so daß er auch reichlich Sauerstoff erhält. Manche Pilze und Bakterien endlich haben noch eine besondere Bedeutung durch ihre Beziehungen zum Stickstoff. Hier soll nur gesagt sein, daß sie sowohl den im Humus gebundenen wie zum Teil auch den in der Luft befindlichen freien Stickstoff für die höhere Pflanze nutzbar machen. Wir hörten ferner, daß gewisse Pilze auch mit den Wurzeln der Bäume zu einer sogenannten Pilzwurzel zusammentreten. Kurzum, der Boden „*lebt*" und ist durch eine tote Substanz nicht zu ersetzen.

Nicht nur was *im* Boden lebt, auch was *auf* ihm wächst — von den Bäumen selbst abgesehen — ist wichtig für den Wald. Da sind vor allem die Moose zu nennen, die als wurzellose Pflanzen das

Wasser überwiegend aus dem Regen und Tau beziehen, und die mit mannigfachen Einrichtungen versehen sind, das auf sie fallende Wasser in kapillaren Räumen zwischen ihren Blättchen für längere Zeit festzuhalten. Wie ein Schwamm saugen sie sich in feuchten Jahreszeiten voll Wasser. Damit sind sie der große Wasserspeicher des Waldes, und wenn der Wald auf das Klima eines Landes einwirkt, so tut er das vor allem durch seinen Unterwuchs aus Moosen. Diese aber sind als Schattenpflanzen auf den Wald angewiesen. Es ist ja bekannt, daß z. B. die Mittelmeerländer früher bewaldet waren, und daß sie ihr heutiges trockenes Klima zum Teil jedenfalls der rücksichtslosen Ausrottung ihrer Wälder verdanken. Wenn die Moose zu ihrem Gedeihen Schatten benötigen, so muß noch gesagt werden, daß sie diesen nicht nur von den Baumkronen empfangen, sondern auch von den Kräutern und Sträuchern, die zunächst über ihnen sich ausbreiten. Der Wald ist, auch wenn er nur eine Baumart enthält, nie eine *Reinkultur* dieser, wie wir sie im Laboratorium von Pilzen, Hefen, Bakterien künstlich herstellen, sondern er ist eine Gemeinschaft von Lebewesen, die sich gegenseitig in die Hand arbeiten. So zeigt also der Kahlschlagbetrieb neben Licht- auch Schattenseiten. Welche von ihnen überwiegen, läßt sich kaum allgemein sagen, einerseits weil offenbar je nach Baumart und Bodenbeschaffenheit die Verhältnisse verschieden liegen, andererseits auch, weil persönliche Neigungen und Anschauungen eine große Rolle spielen. Vom Standpunkte des Botanikers hat der Kahlschlag zweifellos etwas Rohes und Gewalttätiges, weil ebenso die Verjüngung wie die Fällung des ganzen Bestandes sehr unnatürlich ist.

2. Der *Schirmschlag* ist schon im 18. Jahrhundert entstanden und wurde bis Mitte des 19. fast ausschließlich geübt. Der Verjüngung geht hier eine allgemeine Lichtung des ganzen Bestandes voraus. Die übrigbleibenden Bäume wachsen dann stärker und fruchten reichlich. Der aus ihnen entfallende Samen dient der Verjüngung, die also eine natürliche Aussaat ist im Gegensatz zum Kahlschlag, bei dem die jungen Pflanzen gepflanzt werden müssen. Wenn die Saat aufgegangen ist und unter dem Schatten und Schirm der alten Bäume eine gewisse Größe erreicht hat, erfolgt eine zweite und später eine dritte Lichtung, bis schließlich beim Räumungsschlag die letzten alten Bäume verschwinden. Wenn auch die

Besamung in mehreren Jahren sich vollzieht, so entsteht doch ein annähernd gleichaltriger Wald.

Der Schirmschlag ist für die Buche auf gutem und mittlerem Boden sehr geeignet; sehr viel weniger für Eiche und Kiefer, gar nicht für die Fichte.

3. Der *Femelwald*, auch *Plenterwald* genannt, vermeidet die Gleichaltrigkeit des Bestandes: er besteht nicht nur aus verschieden *alten*, sondern auch aus verschieden*artigen* Bäumen (Mischwald). Es gibt in ihm keine Jahre der Ernte und Jahre der Saat, sondern beides erfolgt immerzu. Jahr für Jahr werden einerseits die unterdrückten Bäume entfernt und gleichzeitig alle geschlagen, die den Gipfel des forstlichen Wertes erreicht haben. So gibt es ständig Licht und Nahrung für Neuwuchs, der sich durchaus von selbst einstellt. Der Wald ist also hier ein *Dauerwald*, in dem nie eine größere kahle Fläche erscheint, und somit ist diese Betriebsart zweifellos diejenige, die der Natur besonders nahekommt. Freilich gibt es auch hier Nachteile, vor allem technischer Art. Das Fällen der großen Bäume soll so geschehen, daß die benachbarten kleineren dabei möglichst wenig leiden. Dazu ist ein besonders geschultes Forstpersonal nötig, auch eine starke Beanspruchung des Leiters des Betriebes unvermeidlich. Für den Großbetrieb ergeben sich daraus ernste Schwierigkeiten, und so versteht man die geringe Verbreitung des Femelwaldes, der sich vor allem in privaten bäuerlichen und kommunalen Kleinbetrieben erhält. Doch fehlt es nicht an Stimmen, die ihn allgemeiner mindestens für gewisse Bäume eingeführt sehen möchten.

Im Ganzen kann man sagen, daß da, wo die natürliche Waldzusammensetzung, d. h. die Baumgesellschaft, die sich von Natur forterhält, wirtschaftlich befriedigt, der Forstmann leichte Arbeit hat. Er steht aber um so größeren und schwierigeren Problemen gegenüber, je mehr er die natürliche Waldzusammensetzung durch standortsfremde Holzarten aus wirtschaftlichen Gründen künstlich umgestalten muß.

Nach unseren Ausführungen könnte man glauben, die Tätigkeit des Forstmannes beschränke sich auf die Erziehung des Jungwuchses und auf das Schlagen der Bäume drei bis vier Menschenalter später. Doch auch in der Zwischenzeit fehlt es nicht an Arbeit. Die Bäume *müssen* in der Jugend *eng stehen*. Nur so wachsen

sie rasch in die Höhe und reinigen ihren Stamm von den unteren
Ästen. Lange und astfreie Hölzer aber werden vom Bauhandwerk
und von der Tischlerei verlangt. Würde man den dichten Stand
auf die Dauer belassen, so würden von selbst die schwach-
wüchsigeren Bäume überwuchert werden und schließlich absterben. Dabei würden aber auch die Sieger selbst nicht wenig
leiden. In einem geordneten Forstwesen wird deshalb von Zeit zu
Zeit der Wald „*durchforstet*": alle zurückgebliebenen und kranken
Bäume werden herausgeschlagen, und so wird für die wertvoll-
sten und zukunftsreichsten Bestandsglieder, auf deren Pflege es
vor allem ankommt, Raum und Licht geschaffen.

Was wir bisher studierten, war der *Hochwald*. Es gibt aber auch
den sogenannten *Niederwald* und den beide verbindenden *Mittelwald*. Besonders bei der Eiche sieht man auch heute noch ab und
an in manchen Gegenden den Niederwaldbetrieb. Hier handelt
es sich um die Gewinnung von Eichenrinde zu Gerbereizwecken.
An etwa 20jährigen Bäumchen wird im Frühsommer, wenn das
Kambium seine Tätigkeit beginnt, Rinde und Bast abgezogen und
im genannten Sinne verwertet. Die Stämme aber werden erst später
geschlagen, wenn sie nach Entfernung der schützenden Außenteile
ausgetrocknet und abgestorben sind. Sie dienen dann als Brenn-
holz. Die Verjüngung erfolgt in diesem Fall, da ja Früchte noch
nicht gebildet wurden, durch „Stockausschlag" aus der Hieb-
fläche (S. 102). — Der Mittelwald endlich besteht aus zwei
Schichten, dem Oberholz und dem Unterholz. Für das letztere
gilt alles, was über den Niederwald gesagt worden ist; er wird vor
allem in jungem Zustand geschlagen und durch Stockausschlag
verjüngt. Über ihm breiten sich als sogenannte *Überhälter* höhere
Bäume aus, die mehrere Umtriebe überdauern und einerseits als
Samenträger, andererseits als Bauholz dienen.

Wie schon gesagt (S. 103), könnte von Natur aus fast ganz
Mitteleuropa mit Wald bedeckt sein und war es wohl auch, ehe
der Mensch eingriff. Er hat im Laufe der Zeit alle dafür geeignet
erscheinenden Böden mit landwirtschaftlichen Kulturen besetzt,
so daß den Wäldern durchweg die unfruchtbaren Böden zu-
kommen. Zeigt sich also in der Verteilung von Feld und Wald
der Einfluß des Menschen außerordentlich stark und sind auch

unsere Forste durchaus unter dem Beile des Forstmannes erwachsen, so darf man sie doch nicht für *vollkommen künstliche* Pflanzenvereine halten; völlig natürlich sind sie freilich noch weniger. Da die Ansprüche an Boden und Klima bei den verschiedenen Gehölzen recht verschieden sind, so kann man nicht an jeder Stelle einen beliebigen Wald erziehen. Und aus dem Gedeihen bestimmter Bäume kann man Schlüsse auf Klima und Boden ziehen. Daß die Fichte bei uns vorwiegend Gebirgsbaum ist, wurde schon gesagt. Daß die zahme Kastanie, die in Süddeutschland die Hänge des Rheintales schmückt, weder im Gebirge noch in der norddeutschen Ebene gesucht werden darf, ist bekannt. Ein Boden, in dem die Erle gedeiht, eignet sich nicht für die Buche; Kiefer und Birke sind als genügsam bekannt und finden sich auf trockenen, nährsalzarmen Sandböden. Viel *Wärme* braucht die Kastanie, *wenig* die Fichte, die Lärche, die Arve. In *feuchtem Boden* gedeihen Erle, Weide, Pappel, in *trockenem* Kiefer, Lärche, Arve. *Viel Licht* brauchen: Lärche, Birke, Kiefer und Eiche; tiefen *Schatten* ertragen Fichte, Tanne, Buche, Eibe. Aufgabe des Forstmannes ist es, jedem Baum die Bedingungen zu bieten, die er zu wirklich gutem Gedeihen benötigt. So kommt es aber, daß auch der Forst gewisse Züge von Natürlichkeit hat und haben muß, und daß man eine Anzahl von Waldformen unterscheiden kann, die freilich durch zahllose Übergänge und Mischungen verbunden werden. Einige von diesen Formen sollen hier kurz besprochen werden.

Buchenwald. Obwohl die Buche erst spät bei uns eingewandert ist (S. 105), hat sie sich doch ein recht großes Terrain erobert, in dem sie auch vielfach reine Bestände bildet. Sie bewohnt einen großen Teil von Mitteleuropa und kann geradezu als Charakterbaum dieses Gebietes bezeichnet werden. Die Ansprüche, die ein Baum an das Klima stellt, lassen sich einigermaßen aus seiner geographischen Verbreitung ermessen. Für die Buche kann man die Verbreitungsgrenzen (Abb. 71) in ganz großen Zügen etwa so deuten: Die Nordgrenze dürfte durch die nicht mehr ausreichende Länge der sommerlichen Vegetationszeit und durch Spätfröste bedingt sein; die Ostgrenze geht ebenfalls auf das häufige Auftreten von Spätfrösten zurück, unter denen der Baum sehr leidet, ferner aber auch auf die Sommertrockenheit und Winterkälte des kontinentaleren Klimas. Im Süden setzt der Buche die zunehmende Sommertrockenheit ein Ziel, und im Westen das Meer. Dabei ist aber zu bemerken, daß innerhalb dieses ihres Gebietes die Buche recht ungleich vertreten ist. Durch besonders gut entwickelte Buchen- und buchenreiche Laubmischwälder sind von Haus aus die westdeutschen Mittelgebirge ausgezeichnet, während

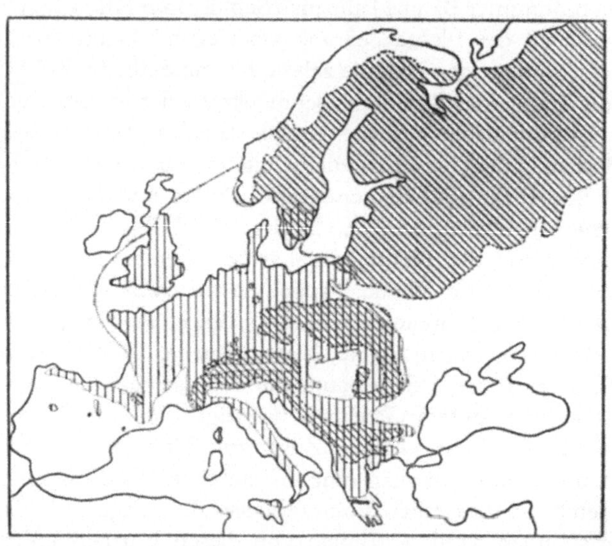

Abb. 71. Natürliche Verbreitung der Fichte (schräg schraffiert) und der Buche (senkrecht schraffiert). Nach *Rubner* u. a. umgezeichnet.

in den östlicheren Gebirgen Nadelhölzer vorherrschen und die Buche in der unteren Bergregion mit der Tanne und Fichte Mischwälder bildet. Liegt die obere Höhengrenze der Buche im Harz bei etwa 650 m, so steigt sie nach Süden weiter in den Gebirgen empor, im Riesengebirge etwa bis 950 m, im Schwarzwald bis 1300 m. In der Ebene zeichnet sich durch besonders schöne Buchenbestände die Jungmoränenlandschaft Schleswig-Holsteins aus.

Allzu feuchte, schlecht durchlüftete Böden sagen der Buche nicht zu, andererseits setzen aber auch zu trockene und zu nährstoffarme Böden ihrem Gedeihen eine Grenze. Sonst ist die Buche in bezug auf den Boden nicht wählerisch. Sie kann Kalk sehr gut ertragen, ohne ihn aber direkt zu verlangen, aber sie liebt humusreichen und nährstoffreichen Boden mit gleichmäßiger Feuchtigkeit. Wo sie *gut* gedeiht, kommt sie vielerorts zur Vorherrschaft oder wird gar zur Alleinherrscherin, denn der Schatten, den sie wirft, ist so tief, daß kein anderer Baum, vielleicht mit Ausnahme der Weißtanne, in ihm sein Leben fristen kann. Dementsprechend fehlen wenigstens im Hochsommer Stauden und Kräuter als Unterwuchs völlig. Dagegen ist im ersten Frühjahr eine sehr ausgeprägte Bodenflora vorhanden, die wächst und blüht, ehe die Buche ihr Laub entwickelt hat: Waldmeister, Buschwindröschen, Lärchensporn, Leberblümchen, Sauerklee, Aronstab u. a.; an den dunkelsten Stellen, wo jede andere Bodenflora fehlt, wächst die Vogelnestwurz.

Fichtenwald. Die Fichte bildet heute etwa ein Fünftel des ganzen Waldbestandes in Deutschland. Ganz anders als bei der Buche ist das Zentrum ihres Verbreitungsgebietes (Abb. 71) stark nach Osten verschoben. Und es geht weiter über die Grenzen Europas nach Osten hinaus, wenn auch die Form, in der die Fichte in Nordasien auftritt, einer anderen, aber doch ganz nahe verwandten Art angehört. Dafür bleibt sie im Westen weit hinter der Buche zurück, denn sie kann ein wintermildes Klima, wie es gegen den Atlantischen Ozean zu herrscht, schlecht ertragen, namentlich nicht in der Ebene. Wir hörten ja schon, daß die künstlichen Anpflanzungen in der Ebene im Westen nicht von vollem Erfolg gekrönt sind. — Das eigentliche Gebiet der Fichte ist in Mitteleuropa die obere Bergwaldstufe, in die ihr der Laubwald und die Tanne nicht mehr zu folgen vermögen. Immerhin ist sie in den östlichen Mittelgebirgen auch in den tieferen Lagen stark an der ursprünglichen Waldzusammensetzung beteiligt. Daß sie aber heute fast ganz allgemein schon in der unteren Bergregion in Massenvertretung anzutreffen ist, geht auf forstliche Maßnahmen zurück; der Mensch hat die Fichte auf Kosten des Laubholzes aus wirtschaftlichen Gründen in riesigem Ausmaß begünstigt. — In Nord- und Nordosteuropa ist die Fichte auch ihrer natürlichen Verbreitung nach ein Baum der Ebene. Neben einer gewissen Feuchtigkeit liebt sie auch Kälte.

Der reine Fichtenwald hat noch weniger Bodenflora als der Buchenwald. Denn da die Fichte immergrün ist, können nicht einmal die Frühjahrspflanzen sich unter ihr ansiedeln. Dafür treten sehr viele Hutpilze auf, denen der saure Humus wohl zusagt. Wenn der Fichtenwald allerdings in der höheren Bergregion lichter wird, dann beherbergt auch er eine verhältnismäßig reiche Bodenvegetation, die aus typischen Besiedlern des Rohhumus besteht, vor allem der Heidelbeere, Gräsern, Farnen und üppig gedeihenden Moosen.

Eichenwald. Von unseren beiden Eichenarten hat die *Stieleiche* die weitaus größere, vom Atlantik bis zum Ural reichende Verbreitung; die *Traubeneiche* dagegen meidet den kontinentalen Osten und ähnelt in ihrem Verbreitungsgebiet dem der Buche und ist dabei vornehmlich im Berg- und Hügelland vertreten. Der Eichenwald hat einen ganz anderen Charakter als Buchen- und Fichtenwald. Entsprechend den Ansprüchen, die die Eiche an Beleuchtung stellt, ist der Eichenwald ungemein viel lichter, und so kommt es, daß er immer ein Mischwald ist, da eben andere Bäume, wie Ulme, Ahorn, Hainbuche, Birke, von der Eiche nicht unterdrückt werden. Dementsprechend ist auch eine Strauchschicht, z. B. mit Weißdorn und Rosen, und endlich eine Stauden- und Kräuterschicht sehr ansehnlich entwickelt.

Je nach den begleitenden Holzarten und dem auch sonst recht verschiedenen Charakter pflegt man mehrere Arten von Eichenwäldern zu unterscheiden. Wir nennen: *Eichen-Hainbuchenwälder*, die in der Ebene und in niederen Lagen des Berg- und Hügellandes teils feuchtere, teils mehr trockene, bessere Böden besiedeln. Solche Wälder finden sich hauptsächlich dort, wo aus verschiedenen Gründen die Buche zurücktritt oder fehlt, wie z. B. auf den grundwassernahen Talauen („Auenwälder"). Doch gibt es auch mehr oder weniger buchenreiche Formen des Eichen-Hainbuchenwaldes. — Sehr arme, saure Böden werden oft von *Eichen-Birkenwäldern* besiedelt. Im ozeanischen Klima Nordwestdeutschlands ist aus ihnen nach Verwüstung durch den Menschen (Schlag, Brand, Weide) die *Heide* hervorgegangen, die heute aber bis auf kleine Reste schon wieder mit Kiefern aufgeforstet oder in Ackerland verwandelt ist.

Kiefernwald. Die nährstoffarmen, sandigen Ebenen Norddeutschlands, aber auch trockene Sandböden in Süddeutschland, tragen ausgedehnte Bestände der Kiefer. Die tiefgehende Wurzel vermag das Wasser aus ganz anderen Schichten zu schöpfen als

etwa die flachwurzlige Fichte. Und in bezug auf Nährsalze ist die
Kiefer ganz außerordentlich genügsam. Es wurde aber schon
früher betont, daß man richtiger sagen sollte, sie vermag mit
Hilfe des hochentwickelten Wurzelsystems viel schlechtere Böden
auszunutzen als die Fichte. Die Kiefer ist noch mehr Lichtbaum
als die Eiche, und so finden wir unter ihr stets eine mehr oder weniger ausgiebige Bodenvegetation. Sind es nur Flechten, so zeigt
dies die ärmsten Standorte an; mit besseren Verhältnissen stellen
sich Heidekraut, Preißelbeere, Heidelbeere, einige Gräser und
Moose ein.

In schärfstem Gegensatz zu den Kiefernwäldern stehen die
Erlenwälder, denn sie gedeihen auf ganz feuchtem Boden, der
gewöhnlich aus einem Flachmoor hervorgegangen ist. Man nennt
deshalb diese Wälder auch „*Bruchwälder*". Die Bodenpflanzen bestehen natürlich aus den Sumpfpflanzen des Moors, mit dessen
allmählichem Austrocknen der Bruchwald sich ausbildet. Erlen
im Verein mit Weiden und Pappeln finden sich ferner in den sogenannten *Auenwäldern,* die unsere großen Ströme begleiten und
charakteristisch für deren Überschwemmungsgebiet sind.

IX. Schlußwort

Ein Sprichwort sagt: „Mancher sieht vor lauter Bäumen den
Wald nicht." Nimmt man den Ausspruch wörtlich, so scheint er
uns ungleich richtiger, wenn man ihn umdreht: „Es gibt sehr
viele Menschen, die zwar den Wald sehen, aber von den Bäumen,
aus denen er besteht, nichts, rein gar nichts wissen." Wie oft habe
ich auf botanischen Ausflügen feststellen müssen, daß selbst
Studierende der Naturwissenschaft, die manches Kraut und manche
Staude mit dem richtigen Namen zu benennen wußten, die vielleicht sogar irgendeine Pflanzengattung viel genauer kannten als
der Leiter der Exkursion, unseren allergewöhnlichsten Waldbäumen gegenüber völlig versagten. Und für weitere Kreise gilt
das erst recht. Ein humorvoller Kollege gestand, daß er zur Not
nur einen „Schlagbaum" von einem gewöhnlichen Baum unterscheiden könne. Und nun gar über die Lebensweise des Baumes
herrscht völliges Dunkel. Und doch ist der Baum, nicht nur seiner
Größe nach, sondern auch nach seiner Lebensführung, ein

gewaltiger Riese, der rücksichtlos herrscht und sich durchsetzt. Wenn der „*Wille zur Macht*“ Bewunderung findet, dann darf man am Baum nicht vorbeigehen. „Wir wollen Bäume werden!“ hat *Alexander v. Villers* gesagt.

Verständnis zu wecken für diesen Riesen, das war die Aufgabe, die sich dieses Büchlein gesetzt hat. Es läßt sich nicht spielend erlangen, nur durch harte Arbeit. — In Beziehung auf den Gewinn und die Verarbeitung der Nahrung, auch die Bildung von Blüte und Frucht, ist der Baum nicht wesentlich verschieden von der Mehrzahl der Pflanzen. Darum sind auch diese Fragen nur kurz behandelt worden. Die Art aber, wie er ein Gerüst aus Stamm und Ast aufbaut, ein Gerüst, das mit den höchsten Bauwerken des Menschen wetteifert, wie er dann dieses Gerüst immer dicker und fester werden läßt und wie er am Ende der Zweige die den Winter überdauernden Knospen ausbildet, das ist *ausschließlich Eigenart des Baumes*. Und dieses schier unbegrenzte Höhenwachstum ist zugleich das Mittel, mit dem er die anderen Pflanzen besiegt und unterdrückt. Dem Baumgerüst galt deshalb unsere besondere Aufmerksamkeit.

Ein zweites kommt hinzu, was den Baum auszeichnet. Wo ein Baum in der Natur sein Gedeihen findet, da finden es auch andere. Es entsteht der Wald, den wir freilich nicht als eine Summe von Bäumen, sondern als eine Lebensgemeinschaft zahlloser, ganz verschiedenartiger Lebewesen erkannten. Überall, wo das Klima dem Baumwuchs günstig ist, da entstehen auch Wälder, die wir in ihrer ganzen Wildheit im Urwald von Schattawa kennengelernt haben. Nur mühselig hat im Laufe von Jahrhunderten der Mensch in Mitteleuropa diesen Wald gelichtet, um Raum für Ackerbau und Viehzucht, für den Bau von Dörfern und Städten zu gewinnen. Die Reste von Wald aber, die er auf unfruchtbarem Boden geduldet hat, hat er allmählich zum „Forst“ umgebildet, gezähmt. Mit ihrer Ausrottung würde uns nicht nur Brenn- und Bauholz fehlen, sondern es würde auch unser Klima trockener. Die Erhaltung und Schonung des Waldes ist demnach nicht nur aus ästhetischen, sondern auch aus wirtschaftlichen Gründen wichtig. Wer sich in das Leben des Baumes vertieft und ihn liebgewonnen hat, wird ganz von selbst sich für den Schutz des Waldes einsetzen.

Sachverzeichnis
Ein Stern* weist auf eine Abbildung hin